科學DIY ①

兒童的科學 〈叢〉〈書〉

風力

能量轉換

動手做 趣味手工　輕鬆學 科學原理

生物

密度

Science

目　錄

瓶子裏的
海洋世界 ③
難度 ★☆☆☆☆　　時間 約 20 分鐘

搖搖不墜的
聖誕不倒翁 ⑪
難度 ★☆☆☆☆　　時間 約 20 分鐘

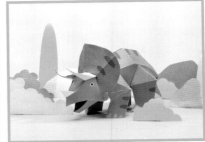

「龍出沒注意」
三角龍 ⑰
難度 ★★☆☆☆　　時間 約 1 小時 30 分鐘

自製自砌
小月曆 ㉓
難度 ★★☆☆☆　　時間 約1小時30分鐘

動畫大師入門班
**手攪動畫
放映器**
難度
★★★☆☆
時間
約 1 小時

⑳

建築工程好幫手
挖土機 ㉟
難度 ★★★☆☆　　時間 約 1 小時 30 分鐘

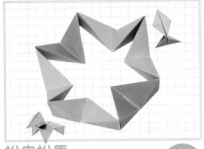

扮鬼扮馬
變形扭扭圈 ㊶
難度 ★★★★☆　　時間 約 40 分鐘

太空基地的
發射任務
衝天火箭
難度
★★★★☆
時間
約 1 小時
30 分鐘

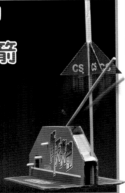

㊼

乘風破浪揚帆啟航！
塞因斯號 ㊾
難度 ★★★★☆　　時間 約 1 小時 30 分鐘

一口氣驅動它吧！
氣動機械人 ㊾
難度 ★★★★★　　時間 約 2 小時

科學DIY
1

瓶子裏的

海洋世界

亞龜隊長駕着深海潛艇，協助搜索員愛因獅子前往寶箱所在地。
此時，一條鯊魚悄悄游近⋯⋯
突然，海洋世界翻天覆地的搖晃，把鯊魚嚇跑了！
搖晃？這是甚麼情節啊？
原來這是瓶子裏的海洋世界中上演的歷險故事呢！
大家也來跟亞龜老師一起，製作自己的海洋世界，
展開一場大冒險吧！

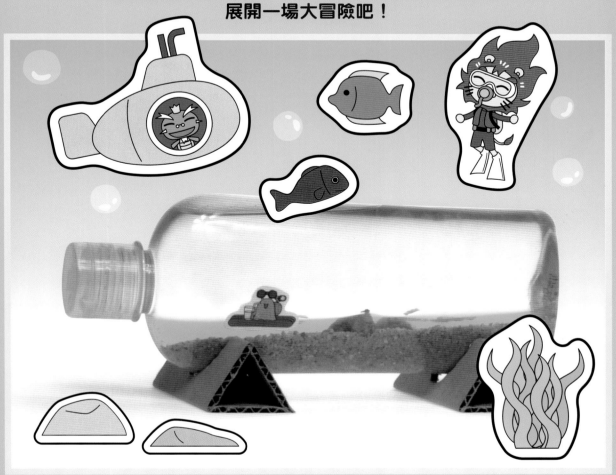

製作難度：★☆☆☆☆　　製作時間：約 20 分鐘

瓶子

水

油

色素

漏斗

選購小提示

油

可選用嬰兒潤膚油或食油。留意食油會帶黃色。超級市場有售。

透明瓶子

大小不拘，但較大的瓶子所需的填充液體亦較多。表面愈平滑效果愈好，200-400毫升左右的嬰兒潤膚油瓶子是絕佳的選擇！

藍色色素

可使用食用色素或色膏，便可有透明效果。不建議使用顏料，會令水變得混濁。可在大型百貨超市或售賣糕餅材料的店鋪買到。

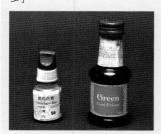

製作方法

step 1

↑ 先決定海水的深度，並利用漏斗注入相應的水。

step 2

↑ 滴入一小滴色素並搖勻，藍色的海水出現了！

⚠ 一小滴已足夠，太多會令海水顏色過深。

step 3

↑ 利用漏斗把油注滿瓶子。

step 4

↑ 扭緊瓶蓋。瓶裏的海洋誕生了！左右搖晃，觀看「海水」的波浪吧！

真神奇！水和油分成兩層，沒有混合在一起呢！

這是「水溝油」的特性啊！

誓不兩立的水和油

水和油看起來雖然都是透明液體，但其實它們的分子結構是完全不同的！

水分子是由氫原子和氧原子組成的「小顆粒」，而油分子則是由一串長長的碳原子拉着氫原子而成。

由於彼此擁有不同的結構，使這兩種分子會互相排斥，即使互相碰頭，也只會把對方推開！因此，水分子不會滲入油分子的領地，反之亦然，於是就形成了壁壘分明的兩層液體了！

那為何油總是在上層呢？那是因為油比水輕，所以會浮在水面上。

不要過來！

你才不要過來！

（選）（購）（小）（提）（示）　　沙、石、貝殼等可在水族用品店購得，小珠子則可在飾物店購買。

浮沉大測試

把水和油倒入杯子或其他容器內,然後把小物件逐一放入杯中,觀察其浮沉。

密度

當物件比相同體積的水重,即其密度比水大,就會下沉。相反,當物件比相同體積的水輕,就會浮起。如果物件比相同體積的水輕但比油重,則會飄浮在兩者之間。

噠!小髮夾會浮在中間,好有趣呢!

密度比油小

⬇

浮在油面
雪條棒、發泡膠粒

密度比油大,但又比水小

⬇

飄浮在水油交界
膠飲管、竹籤、小髮夾

我所選的都沉到底了!

選些會浮在不同高度的小物件,便可令海洋世界豐富一點!

例子

沙
石
珍珠頭飾
膠飲管

石
波子
小髮夾
雪條棒

沙
貝殼
小飾物

密度比水大 ⇨ **沉到水底**
沙、石、波子、貝殼、珍珠頭飾、塑膠小飾物

⚠ 這僅為參考結果,不同物料製造的物件可能令結果有所不同,大家還是親自試試看吧!

↑ 剪出紙樣圖案，發揮創意編排位置，並貼到瓶子上吧！

熱帶小島

貼在瓶面

如主要人物等能貼在瓶面，就可以清楚看到。

深海世界

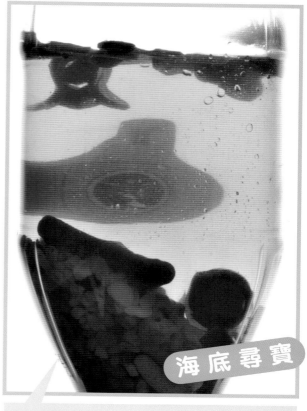

海底尋寶

貼在瓶背

紙樣被水和油隔着，看上去會有點模糊，加上圓形的瓶子亦有放大效果。

用不同顏色的色素，可以製造出不同效果。

用黃色的油能造出黃昏的感覺嗎？

還能自行繪畫喜歡的紙樣，創作獨一無二的故事！

哈！這樣子好看多了！

讓我放在書桌上當裝飾吧！

呃……不要滾來滾去啊！

最後一步，來製作一個簡單的底座吧！

瓶子放置法

方法一｜直立式

將瓶子直立放置，不需要任何額外的架子也能站得非常穩固。

方法二｜倒立式

把紙張捲成圓柱形，便可成為讓瓶子倒着站立的底座！也可以直接使用杯子等物件喔！

方法三｜橫放式

←按瓶子大小預備兩塊相應大小的厚紙板，並摺成三等份。

←大致量度瓶子厚度，裁出缺口，然後摺成三角柱體並用膠紙固定。完成！

很美觀的海洋世界啊！

快拍下你製作的海洋世界，張貼到我們的Facebook專頁吧！

搖搖不墜的
聖誕不倒翁

大家喜歡聖誕節嗎？聖誕節時，商場、大廈外牆都會有非常精美的
聖誕裝飾來增添節日氣氛，我們也一同製作各式各樣的聖誕不倒翁吧！
它們既可作為座抬擺設，又可掛在聖誕樹上作吊飾呢！

咦？這些是甚麼東西？
搖搖欲墜但又不會倒下！
生命力很頑強呢！

對呀！因為它們
是「不倒翁」！

製作難度：★☆☆☆☆　　製作時間：約 20 分鐘

製作方法

工具

剪刀

竹籤

膠水

膠紙

雙面膠紙

主體部分

材料

膠杯
（或紙杯）

顏色紙

扭蛋殼

萬用膠

舊AA電芯2枚

---

step 1 將扭蛋殼扭開，取其中半個。

可先試試將膠杯和扭蛋殼拼合，看看哪半個扭蛋殼的大小較為適合。

---

step 2 將兩枚舊電芯貼在萬用膠上方，貼在扭蛋殼底部。

萬用膠和電芯必須貼在中央，並呈水平，不可傾斜。否則不倒翁會歪歪斜斜的呀！

---

step 3 如想更美觀，可先將不同顏色的紙碎放進扭蛋殼內，以遮蓋電芯。

---

step 4 將膠杯與扭蛋殼拼合，然後以膠紙或雙面膠紙固定。

若杯口太大，可把杯子剪短。

完成
不倒翁主體！

沒有扭蛋殼的製法

膠杯
（或紙杯）

硬卡紙

萬用膠

舊AA電芯2枚

step 1

↑ 將硬卡紙剪成2條紙條，寬約1.5厘米，長約23厘米。

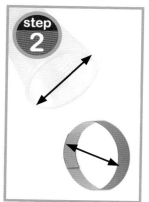

step 2

↑ 把紙條捲成紙圈，直徑跟杯口的直徑一樣。

step 3

↑ 如圖將2個紙圈黏合，然後將萬用膠連電芯放在底部。

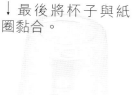
↓ 最後將杯子與紙圈黏合。

完成！

外殼裝飾部分

P.75-82紙樣

step 1

將愛因獅子紙樣貼在膠杯外圍。

不同杯子的大小會有偏差，如有需要，請自行加以剪裁。

step 2

將帽子剪出並摺好。可按喜好調教弧度。

不同弧度的帽子

step 3

將4條黏合紙條對摺，上半部貼在帽子內部較低位置。

step 4

←用雙面膠紙將黏合紙條下半部與膠杯的頂部黏合。

完成！

13

玩法

① 把不倒翁按下。

② 它立刻彈上來，還原垂直狀態！

解開「不倒」之謎！

不論任何物件，重心愈低，狀態就愈穩定。扭蛋殼底部的重物就是不倒翁的重心，當不倒翁垂直時，重物處於最低點，就是最穩定的狀態。

重心

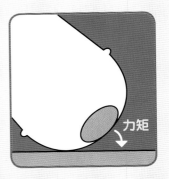

力矩

一旦不倒翁傾斜起來，重物的位置就會升高，令不倒翁變得不穩定。而重物與地面之間就會形成力矩，令不倒翁不斷搖擺，直至重心回復最低點。

變成吊飾！

穿上繩子，便可成為吊飾！

可以掛在聖誕樹上作裝飾呢！

如何製成吊飾？

P75-82紙樣

硬卡紙

繩子

↑ 在製作外殼裝飾的第2及第3步之前，先將帽子紙樣和黏合紙樣貼在硬卡紙上，以增加紙張強度。

↑ 用竹簽在帽子上端穿兩個孔。

↑ 將繩子穿過兩個孔並打結，最後將帽子與杯子黏合。

完成！

製作小型不倒翁

P75-82紙樣

玻璃珠或硬幣

萬用膠

小扭蛋殼

↑ 使用較小的扭蛋殼，並以較小的物件作重物，如玻璃珠或硬幣。

↑ 使用尺寸較小的紙樣，圍出杯型的圓筒至適當大小。然後將4條黏合紙條下半部貼在圓筒內圍。

↑ 將黏合紙條的上半部與帽子黏合。最後將圓筒與扭蛋殼黏合。

完成！

百變造型不倒翁！

　　發揮創意，製作不同造型的不倒翁吧！扭蛋殼除了在裏面放紙碎，也可放入其他裝飾、在外面貼上裝飾或用顏料上色！

用顏色紙製成聖誕樹！

畫上聖誕老人的樣子並填上顏色，代替愛因獅子！

貼上手、樹枝等裝飾！

畫上雪人的樣子和貼上圍巾，並填上喜愛的顏色！

扭蛋殼內放棉花！

不同大小的不倒翁

想創作不同造型和大小的不倒翁，可到《兒童的科學》網頁下載紙樣，或預先影印。

你創作了甚麼造型呢？快放到我們的facebook專頁給大家欣賞吧！

龍出沒注意
三角龍

愛因獅子和居兔夫人到可可島尋寶，他們在島上徹底搜尋，
不惜冒險進入島的最深處。但眼前竟驚見龐然大物——三角龍！

製作難度：★★☆☆☆　　製作時間：約1小時30分鐘

三角龍6問6答

Q 三角龍是甚麼品種的恐龍？

A 三角龍（Triceratops）是鳥臀目角龍下目角龍科的恐龍，其特點是臉上有三根角，因此命名為三角龍。

Q 三角龍在何時出現？

A 牠們生於晚白堊紀（約6,800萬年前到6,500萬年前），是最晚出現的恐龍之一。

恐龍進化圖

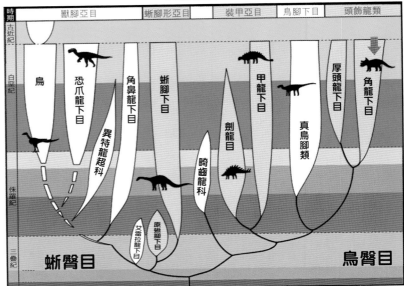

Q 三角龍有多大？

A 平均身長約9米、高3米、重量可達11,800公斤！最大的特徵是巨大的頭顱，包括頭盾及三隻角，頭盾可長達2米；額角則可長達1米。

將紙樣放大成 1：1

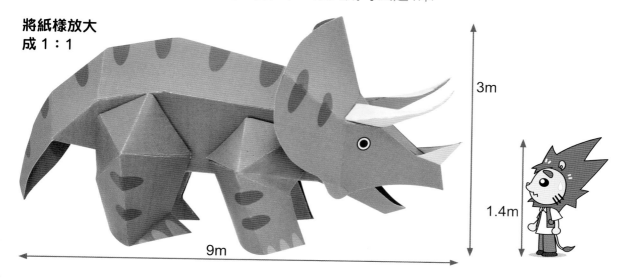

3m

9m

1.4m

Q 三角龍的頭盾和角有甚麼用？

A 由於牠們不吃肉，估計頭盾和角不是用於捕獵上，而是用於防衛上的。另一說法是，三角龍可能以頭盾和角來吸引異性，作用於求偶上。

於德國法蘭克福森肯貝格博物館展出的三角龍頭骨化石。

Q 三角龍不會吃肉？

A 三角龍是草食性恐龍，不會吃肉。由於牠們的頭部位置較低，而且估計有約400至800顆牙齒，因此相信牠們主要以較矮及體積大的高纖維植物為主要食糧。

Q 三角龍的天敵是甚麼？

A 與三角龍同是生存於晚白堊紀的暴龍，相信是三角龍的最大敵人！科學家曾在三角龍的化石中發現暴龍的齒痕，這亦可進一步說明三角龍的頭盾和角是用於防衛暴龍等肉食性恐龍的攻擊。

Made by Tim Bekaert

三角龍和暴龍打鬥的想像圖。

原來牠正在吃植物。

但恐龍不是早已絕種了嗎？

嘴巴一開一合……

尾巴一擺一擺……

為何牠會在這裏出現？

製作方法

 材料

P.83-88紙樣 剪刀 膠水

身軀部分

使用紙樣

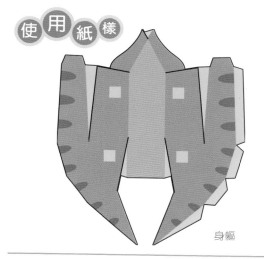

身軀

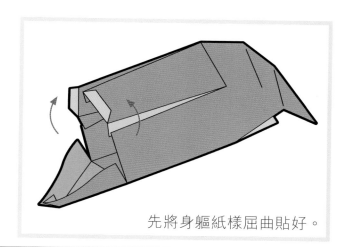

先將身軀紙樣屈曲貼好。

頭部部分

使用紙樣

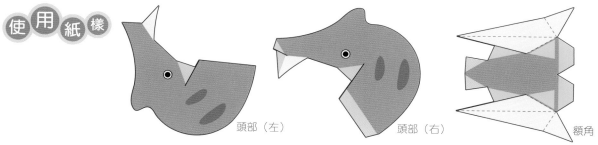

頭部（左）　　　頭部（右）　　　額角

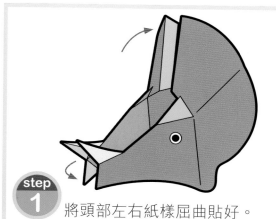

step 1 將頭部左右紙樣屈曲貼好。

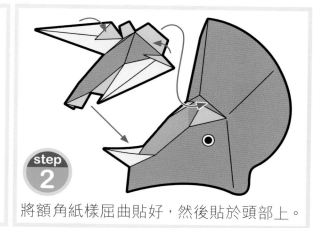

step 2 將額角紙樣屈曲貼好，然後貼於頭部上。

四肢部分　使用紙樣

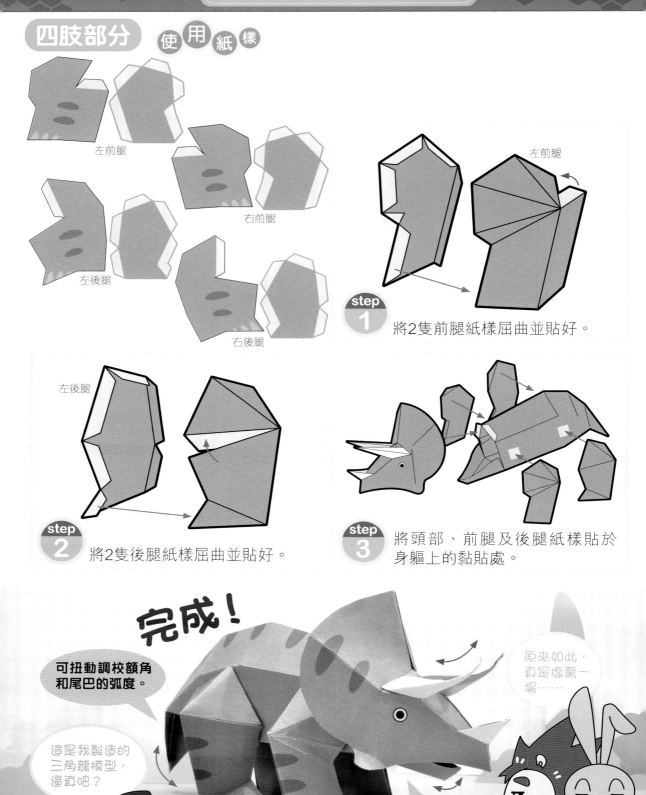

左前腿

右前腿

左後腿

右後腿

左前腿

step 1 將2隻前腿紙樣屈曲並貼好。

左後腿

step 2 將2隻後腿紙樣屈曲並貼好。

step 3 將頭部、前腿及後腿紙樣貼於身軀上的黏貼處。

完成！

可扭動調校額角和尾巴的弧度。

原來如此，真是虛驚一場……

這是我製造的三角龍模型，逼真吧？

導演
史提芬史匹龜

可調校嘴巴張開的幅度。

自製自砌

小月曆

新年時大家有甚麼目標？在訂立目標時，
可先造一個可自由排列日期、能砌出任何月份的自製自砌小月曆！
將目標記錄在月曆上，就不怕忘記了！
同時，也來認識一下讓我們可以把生活規劃得井井有條的重大發明
——曆法！

製作難度：★★★☆☆　　製作時間：約 1小時30分鐘

認識曆法 —— 時間的規劃系統

曆法就是以年、月、日等單位把時間劃分的系統，讓我們能明確表示某個在過去、現在或未來的日子。

地球運行到軌道上的不同位置便會出現相應的季節，因此一套好的曆法，該能配合地球的運行週期，使人民能準確掌握季節或氣候等大自然的週期性變化。

經常聽到新曆和舊曆，它們究竟是甚麼？

三種曆法系統

陽 曆

一種按照太陽的運行來制訂的曆法。

地球環繞太陽公轉，循環不息，並造成四季，這個公轉週期為365天5小時48分46秒（或365.2422天），稱為 1 太陽年或 1 回歸年。

陽曆就是以此作為標準，務求能盡量貼近太陽年的長度，從而準確標示出地球運行的位置。

新 曆

新曆（又稱公曆）就是現時世界最被廣泛使用、也是我們最熟悉的曆法。

新曆又名格里曆，是由古羅馬的舊曆法（儒略曆）略修而成，於1582年頒布。

新曆屬於陽曆，一年有12個月份，共365日，與1太陽年相差約0.24日。因此每4年會有一閏年，在2月底補上一天，以修正這個誤差。除此以外，尚有一些更細微的修正，使其誤差僅為每400年偏差0.0003天，亦即3300年才會有一天誤差！

陰 曆

與陽曆相對，是一種純綷以月亮的盈虧週期為標準的曆法。

月的圓缺是由於繞地球運行時造成光影變化，因此月的盈虧週期就是繞地球一週的時間，為29.53天。

陰曆中每月日數視乎當月的月球運行情況而定，一般為29或30天。

陰 陽 曆

這是一種同時兼顧月亮與太陽運行週期的曆法。每一月份的日數為29或30天，一年則有12個月份，平均為354天。為彌補與1太陽年（365.2422天）的日數偏差，在某些年份會加入閏月，也就是該年會有13個月。

農 曆

農曆（又稱舊曆）其實是一種陰陽曆，只是民間一直誤稱作與陽曆對應的陰曆。

農曆中設有二十四節氣，能準確地反映一年當中的季節與氣候變化，對於農業種植非常重要，是農夫耕種的指引，因而得名。

農曆是少數能同時兼顧日、月運行週期的曆法，雖然精準度不及新曆，但仍是相當了不起的啊！

農曆年　太陽年　新曆年

年份

1
2
3
4
5
6
7
8
9
10
11
12
13
14
15
16
17
18
19
20

兩種曆法如何修正誤差

假設在某一年，農曆與新曆在同一天起計。

到了第4太陽年，新曆的日子與太陽年剛剛差了一天！因此補回一天，使這年成為閏年。

農曆因要配合月球週期，因此每一年的第一天都與太陽年有1.5至18.6天的誤差。直至第19年，兩者會拉近至只有0.09天的差距，因此農曆每19年便會與太陽年重新同步。

為甚麼7月跟8月都是「大月」？

七月是古羅馬領袖凱撒大帝的出生月，故以其拉丁文名字Julius命名，翻譯成英文便成了July。

凱撒的繼位者屋大維在八月出生，故以其稱號Augustus命名，也就是英文August的由來。八月原為小月，只有30天，為與凱撒看齊，屋大維從二月抽出一天補上，變為同樣有31日的大月。

有31天的月份叫「大月」，只有30天的月份就叫「小月」。

為甚麼2月只有28天？

起初制定曆法時，定單數月為大月，雙數月為小月。此規定令一年有366日，必須扣除一天以符合太陽週期。由於二月為古羅馬處決囚犯的月份，被視作不吉利，因而被扣減一天。後來屋大維為了要把八月變為大月，再在二月扣減一天，結果便只剩28天了。

25

製作方法

材料

 P.89-94紙樣　　剪刀　 膠水　 牙籤　 泥膠

日期積木

使用紙樣

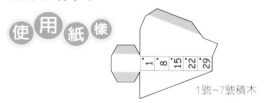

1號～7號積木

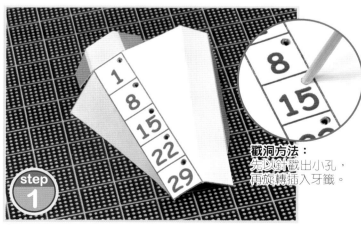

step 1

戳洞方法：
先以針戳出小孔，
再旋轉插入牙籤。

↑剪出紙樣並摺好，然後在日期右上方的紅點處戳出小洞。

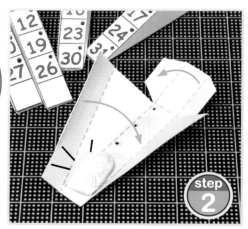

step 2

↑把小量泥膠塞入積木前端的內部，然後把積木黏好。

底座

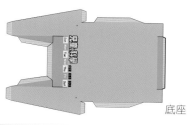

底座

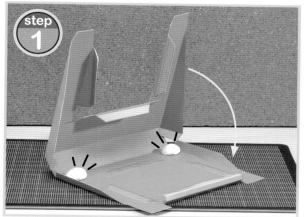

↑ 剪出紙樣，於底座指定的兩角固定兩顆泥膠，然後摺好貼穩。

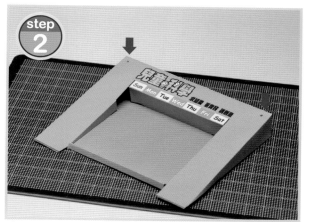

↑ 在底座上方的兩邊戳出小洞。

旗幟及遮蓋套

年份旗幟

月份旗幟

標記旗幟

遮蓋套3個

↑ 剪出遮蓋套紙樣（共3個）並摺好貼穩，須能順利套入積木末端。

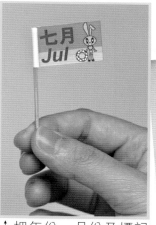

↑ 把年份、月份及標記旗幟的末端捲起黏到牙籤上，並根據喜好修剪牙籤長度。

自製自砌 小月曆完成！

27

能砌出任何月份、可以無限期使用的月曆

日期積木排列方法：

step 1 找出屬於星期天的積木

↑ 如第一個星期天是5號，就把 5 號積木找出來，然後依次排列餘下的積木。可暫時忽略橫向數字對位的問題。

step 2 遮蓋日子

↑ 如果是閏年，2月就有29天，故此需把遮蓋套套入 2 號和 3 號積木底部的30及31日。

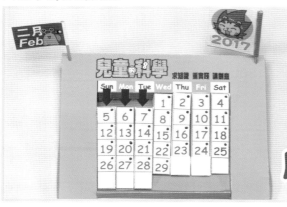

step 3 對準數字

←把排列好的積木放入底座中，然後把 1 號積木左方的所有積木往下移一格，順序對齊橫向數字。別忘了更換月份旗幟喔！

座枱月曆排列完成！

創造自己的月曆

↑ 這個月是你或好友的生日月份嗎？有假期可以放鬆一下嗎？還是有測驗要好好溫習呢？利用標記旗幟，把你的重要日子都標示出來！

標示一段時期的方法

找出兩面方向相反的標記旗幟。

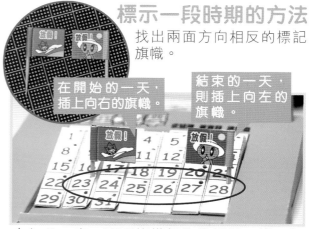

在開始的一天，插上向右的旗幟。

結束的一天，則插上向左的旗幟。

↑ 如此一來，兩面旗幟便能像括號一樣，把一段時期清楚的標示出來！

視覺停留

動畫發展

動畫大師入門班

手攪動畫放映器

愛因獅子看了動畫電影後，不但產生了興趣，更創作了一套動畫！
但這套動畫竟不需要電視或電腦就能播放？

兒童的科學

製作難度：★★★☆☆　　　製作時間：約 1小時

手攪動畫放映法

↑將手攪動畫放映器放在與視線成水平面的位置。

↑把手指穿入放映器旁的手把圓孔內，然後依照箭頭方向快速轉動轉輪。

↑圖片快速翻轉形成動畫！

視覺停留
Persistence of vision

　　我們看物件時，不管物件是否被移走了，它在視網膜上形成的影像仍會短暫停留約0.1至0.4秒才會消失，這就是「視覺停留」現象。當連續的影像在我們眼前快速出現，影像會在視網膜上不斷停留，我們的大腦便會把前後的畫面組合，產生物件正在活動的錯覺！

其實它運用了「視覺停留」原理！

 +  →

很有趣呢！

用照片做動畫

　　要拍攝移動中的物件，可以使用相機「連環快拍」的功能，拍下數張動作連續的照片。沒有這功能也不要緊，能模擬物件移動的樣子來拍攝。先拍下一張靜止物件的照片，稍微移動物件的位置，再拍下第二張照片，重複直至完成移動過程。將全部照片調整至適合的尺寸再列印出來，順次序排列，就能組合出自己的動畫。

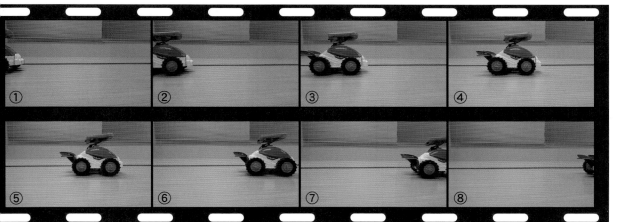

① ② ③ ④ ⑤ ⑥ ⑦ ⑧

例如像這樣拍攝8張車子由左向右移動的照片。

動畫發展小回顧

由古埃及時代開始，人們便想辦法記錄動態圖像。直至1824年，科學家發現了「視覺停留」現象，從此引發了不同動畫工具的誕生，更逐漸演變成今天的電腦動畫。

古埃及時代

4千多年前的古埃及人早已透過繪畫，嘗試把動作詳細記錄下來。

壁畫中繪畫了兩名古埃及人比武的情形。

1824年

英國物理學家Peter Mark Roget發現「視覺停留」現象，並利用圓形卡紙和繩子製成視覺玩意，稱為留影盤（thaumatrope）。

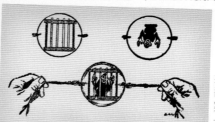

卡紙前後印有不同圖案，觀賞者拉動繩子令卡紙翻轉時，前後圖案就會像組合了一樣。

活動視鏡

活動視鏡　　　幻影箱

1834年

英國數學家William George Horner由費納奇鏡得到啟發，發明了幻影箱（zoetrope）。幻影箱是一個有夾縫的圓筒。觀賞者把圖案放在圓筒內，然後轉動，透過夾縫便可觀看動畫。

1877年

法國科學教師Charles-Emile Reynaud把幻影箱的圓筒換成鏡子，發明出活動視鏡（praxinoscope），觀賞者只需看着鏡子便可欣賞具動感的影像。

1894年

德國攝影師Max Skladanowsky將連續的照片釘裝成小書，當翻揭書頁時，連續的影像便像會動起來，這就是手翻書（flip book）。

後來，美國發明家Herman Casler運用這原理創造了妙透鏡（mutoscope），觀賞者轉動附着照片的轉輪，便可透過小窗觀賞動畫。

手翻書

妙透鏡內部結構

妙透鏡

手攪動畫放映器就像是一部小型妙透鏡，透過翻揭圖案組成動畫！

費納奇鏡

1832年

比利時物理學家Joseph Plateau
發明了費納奇鏡(Phenakistoscope)。
　　他把連續的圖案繪在圓形卡紙上，
　　圖案間界出夾縫，然後把卡紙放於
　　鏡前轉動，透過夾縫便可看到連續的
影像。

費納奇鏡使用法

21世紀

　　百多年後的今
天，動畫製作已
是電腦化，並由
平面進化為立體
（3D）！

製作方法

材料

P95-100
紙樣

剪刀

膠水

膠紙

底座

使用紙樣

底座

底座壁

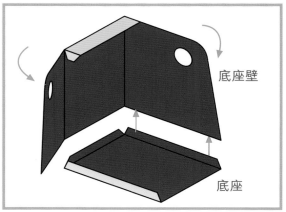

底座壁

底座

↑ 先剪下底座壁紙樣，沿線開孔並摺曲，
然後剪下底座紙樣，黏貼於底座壁下。

轉輪組

轉輪　　　　　　　　轉輪橫軸

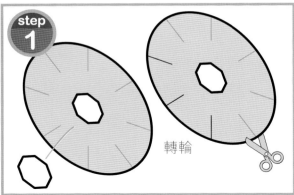

↑ 剪下轉輪 A 及 B 紙樣，剪出八角形開孔，並在邊緣剪出開口，分別製成 2 個轉輪。

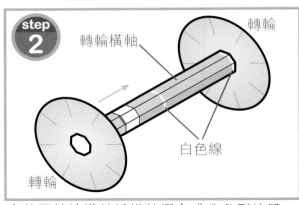

↑ 剪下轉輪橫軸紙樣並摺合成八角形柱體，然後套上轉輪 A 及 B 至橫軸的白色線位置，成為轉輪組。

組合

轉輪栓　　　手把　　　　動畫卡

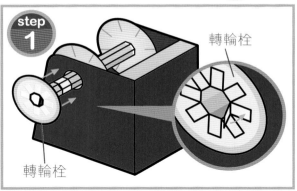

↑ 把轉輪組如圖穿過底座壁的圓孔，然後剪下轉輪栓紙樣，開孔並插入轉輪橫軸左端，用膠水把轉輪橫軸尾端貼附於轉輪栓上。

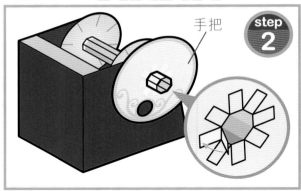

↑ 剪下手把紙樣並開孔，然後插入轉輪橫軸右端，用膠水把轉輪橫軸尾端貼附於手把上。

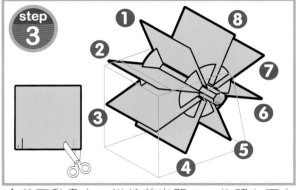

↑ 剪下動畫卡，沿線剪出開口，依照左下方的號碼把動畫卡按次序插入轉輪。

完成！

科學DIY 6

建築工程好幫手

挖土機

兒科博物館的工程遇到障礙了！原來要興建大樓，首先要挖出地基。
可是，居兔夫人和頓牛用鏟子挖了一整天，
都只是把一點點泥土挖了出來……

製作難度：★★★☆☆   製作時間：約 1 小時

挖土機大解構

挖土機？好像常常在建築地盤裏出現的啊！它的構造和運作原理是怎樣的呢？

讓我為你說明吧！

工作裝置

懸臂
控制斗桿的升降。

斗桿
控制挖斗的前後擺動。

液壓泵
內含液壓油。透過向油施加壓力來推動斗桿和挖斗。

挖斗
邊緣呈鋸齒狀。用以挖掘和盛載泥土。可按需要替換成其他機械，例如鑽孔機、割草機、碎石機等，來進行各種工程。

這是常見的中型挖土機，用來挖掘泥土、運載重物和拆卸建築物。

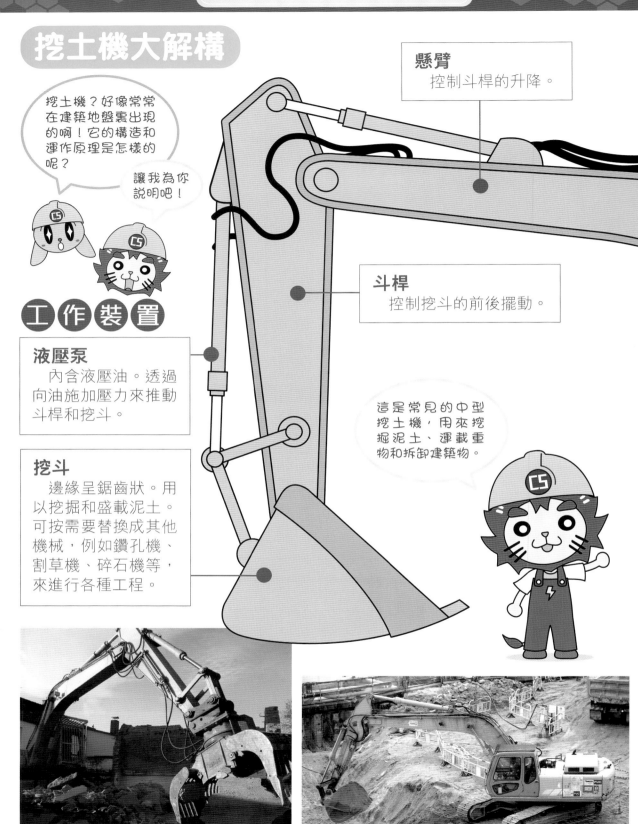

挖斗改裝為巨型夾鉗，用來粉碎大石。

中型挖土機。

Photo by rupp.de

我知道較大型的挖土機用於礦場採礦；若加裝至船上，就能深入水中挖掘，清除藏於河川、湖泊、水庫等地的淤泥。

大型挖土機，把整輛汽車盛載起來！

旋轉平台

駕駛座
技術員在內操作挖土機。

360° 旋轉

行走機構

履帶
圍繞着車輪的鏈帶。能將挖土機的重量平均分佈於地面，防止於泥土中沉沒，並便於爬上斜坡。坦克車、拖拉機等機械亦會採用。

車輪
表面的輪齒與履帶接合，轉動時帶動整個挖土機移動。

發動機
除了操控工作裝置和行走機構，亦能使旋轉平台作360度轉動，改變整個挖土機的方向。

Photo by skuds

製作方法

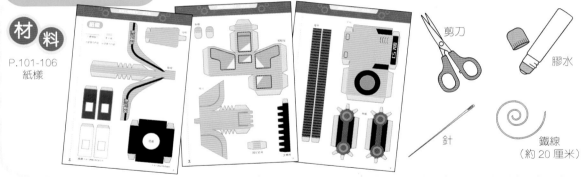

材料

P.101-106
紙樣

剪刀

膠水

針

鐵線
（約 20 厘米）

工作裝置部分

使用紙樣

固定紙條　斗桿　掛圈　懸臂　挖斗

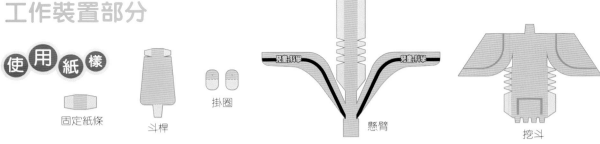

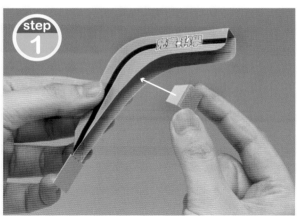

↑ 摺出懸臂，把固定紙條貼在底部。

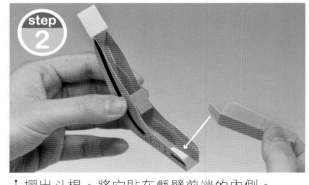

↑ 摺出斗桿。將它貼在懸臂前端的內側。

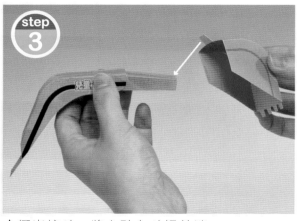

↑ 摺出挖斗。將它貼在斗桿前端。

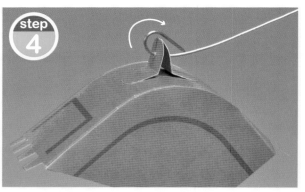

↑ 把兩個掛圈對稱地貼在挖斗外側。先以針在圓點處刺出小洞，然後將鐵線穿過掛圈，並屈成勾狀作固定。

⚠ 請小心處理針及鐵線，以免誤傷身體。建議由家長進行此步驟。

旋轉平台部分

 使用紙樣

旋轉桿

駕駛座

平台

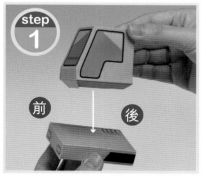

↑ 摺出平台和駕駛座。將駕駛座貼在平台右方。注意前後方向。

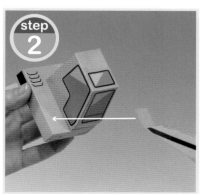

↑ 把懸臂的末端貼在平台左方。

↑ 摺出旋轉桿,將它貼在平台底部。

行走機構部分

 使用紙樣

履帶

底盤

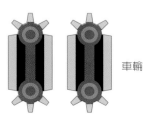

車輪

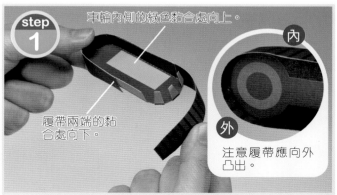

車輪內側的綠色黏合處向上。

履帶兩端的黏合處向下。

內

外

注意履帶應向外凸出。

↑ 摺出車輪,把履帶圍繞車輪黏合。

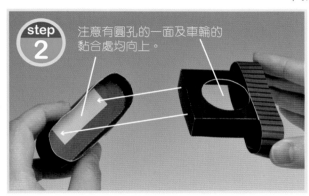

注意有圓孔的一面及車輪的黏合處均向上。

↑ 用美工刀在底盤中央裁走圓孔,摺出底盤,然後與車輪黏合。

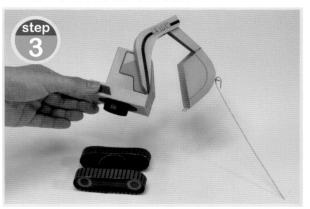

↑ 把旋轉桿套在底盤的圓孔中。

其他紙樣

護欄

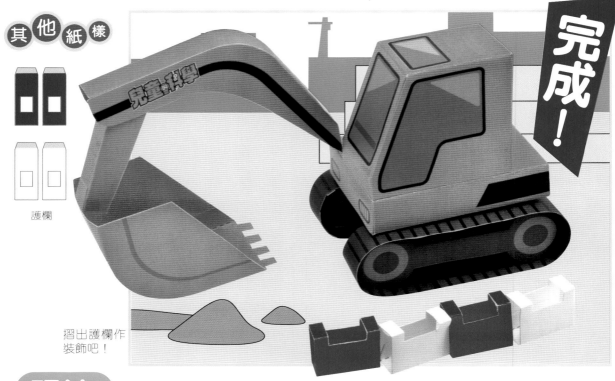

完成！

摺出護欄作
裝飾吧！

玩法　用鐵線操控挖斗的移動。

① 伸出長臂！

② 撈起物件！

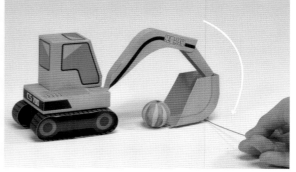

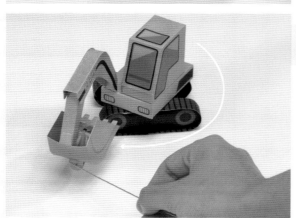

③ 旋轉搬運！

還可以和朋友比
賽，看誰搬運得
更快吧！

扮鬼扮馬
變形扭扭圈

這個形狀奇特的圈圈，是經過精密數學計算所設計出來的扭扭圈！
輕輕一扭，便可瞬間變出不同的形狀！
你也製作一個變形扭扭圈，試試還可變出甚麼花款吧！

製作難度：★★★★☆　　製作時間：約 40分鐘

扭扭圈大解構！

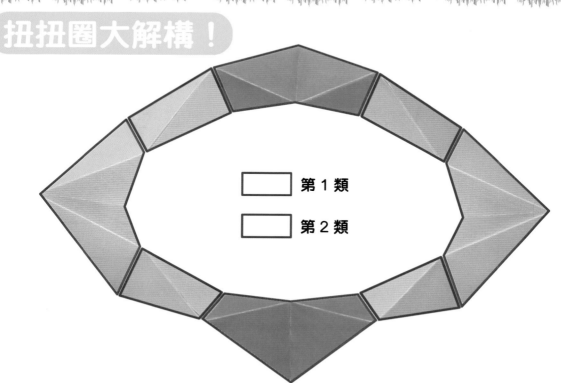

第 1 類

第 2 類

　　這個變形扭扭圈，其實是由12個三角形四面體接駁而成，是立體幾何的一種。

　　它們的結構主要分為兩類。其中黃、藍、綠三種色的8個為第1類，只有黃、綠兩種色的4個是第2類。組合的時候，第1類以每兩個對稱的為一組，每一組之間以第2類相隔。

基本結構平面圖

仔細觀察，會發覺所有黃色的面屬同一形狀，所有綠色的面屬另一形狀，而藍色的面則是一大一小的等邊三角形。所以，第1類有兩面是和第2類一樣的。

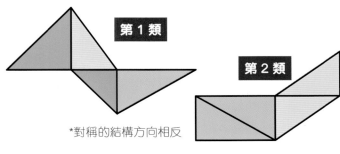

第1類

第2類

*對稱的結構方向相反

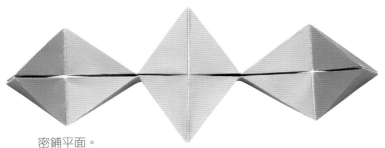

密鋪平面。

此外，兩類的所有面都是直角三角形，因此，拼合時很容易做到密鋪的平面。

摺合的情況

其中兩面

另外兩面

當同類的四面體互相摺合時，相對的兩面形狀對稱，因此不論摺合哪兩面，兩面都會剛好互相重疊。

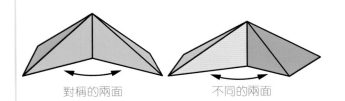

對稱的兩面

不同的兩面

當不同類的四面體摺合時，則會有兩種情況發生：其中兩面形狀對稱，能剛好重疊；另外兩面形狀不同，不能完全重疊。

由於每個四面體結構的分別，加上它們各自有4個面，產生了多個摺合的方式，因而能拼砌出千變萬化的形狀。

呼！原來它不是甚麼怪獸。

而且好像很好玩啊！

製作方法

 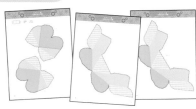

P.107-112紙樣

 剪刀

 膠水

↑ 將紙樣沿着虛線摺出內摺痕。

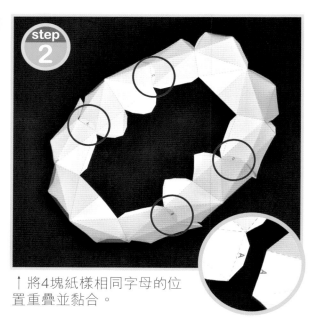

↑ 將4塊紙樣相同字母的位置重疊並黏合。

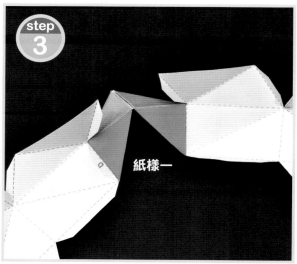

↑ 將內頁相同顏色的每4面摺成一個三角形四面體，黏好。

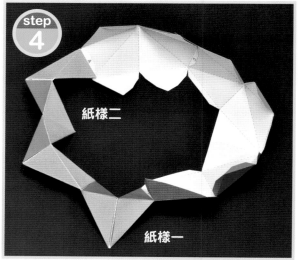

↑ 如此類推，直至摺出所有三角形四面體。

step 5

紙樣三

紙樣二

紙樣一

step 6 完成！

紙樣四

玩法

將扭扭圈屈曲成不同形狀吧！

菱形盒子

2個長方體

盡情發揮你的想像力吧！

扮鬼扮馬派對開始！

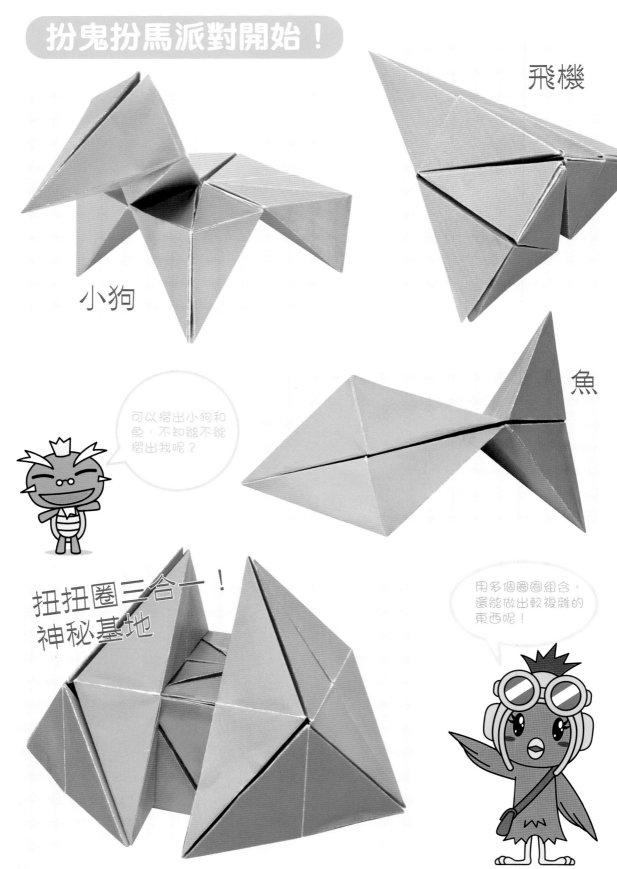

飛機

小狗

魚

可以摺出小狗和魚，不知能不能摺出我呢？

扭扭圈三合一！
神秘基地

用多個圈圈組合，還能做出較複雜的東西呢！

物理

太空基地的發射任務
衝天火箭

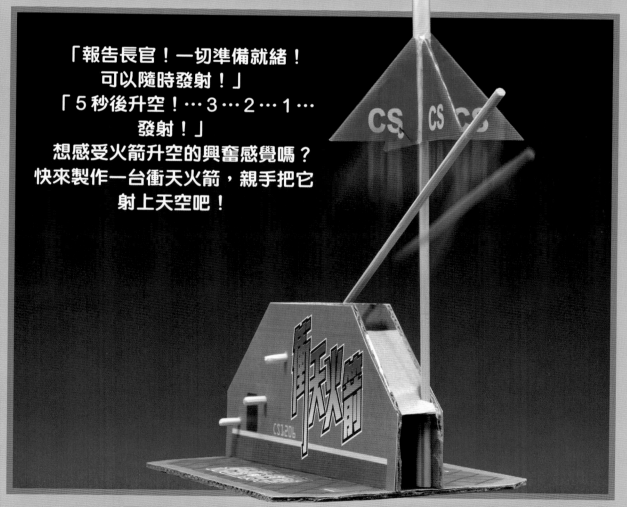

「報告長官！一切準備就緒！
可以隨時發射！」
「5秒後升空！…3…2…1…
發射！」
想感受火箭升空的興奮感覺嗎？
快來製作一台衝天火箭，親手把它
射上天空吧！

製作難度：★★★★☆ 製作時間：約1小時30分鐘

製作方法

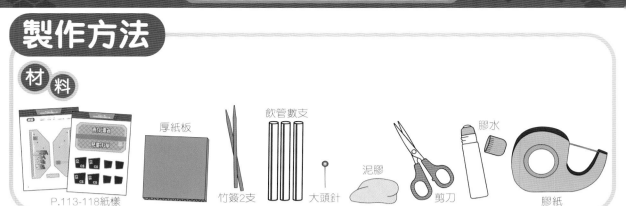

材料

P.113-118紙樣　厚紙板　竹籤2支　飲管數支　大頭針　泥膠　剪刀　膠水　膠紙

發射台部分

使用紙樣

組件A　組件B　組件C　組件D

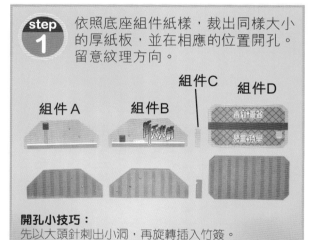

step 1 依照底座組件紙樣，裁出同樣大小的厚紙板，並在相應的位置開孔。留意紋理方向。

組件C　組件D　組件A　組件B

開孔小技巧：
先以大頭針刺出小洞，再旋轉插入竹籤。

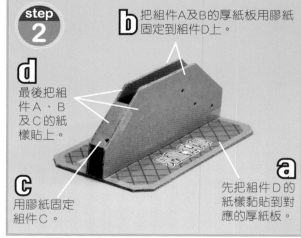

step 2
b 把組件A及B的厚紙板用膠紙固定到組件D上。
d 最後把組件A、B及C的紙樣貼上。
c 用膠紙固定組件C。
a 先把組件D的紙樣黏貼到對應的厚紙板。

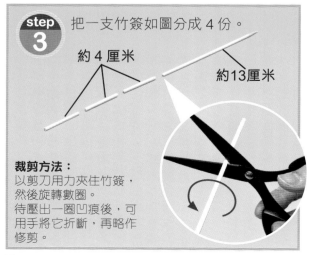

step 3 把一支竹籤如圖分成4份。

約4厘米　約13厘米

裁剪方法：
以剪刀用力夾住竹籤，然後旋轉數圈。
待壓出一圈凹痕後，可用手將它折斷，再略作修剪。

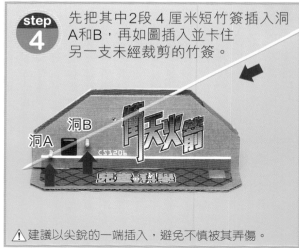

step 4 先把其中2段4厘米短竹籤插入洞A和B，再如圖插入並卡住另一支未經裁剪的竹籤。

洞A　洞B

⚠ 建議以尖銳的一端插入，避免不慎被其弄傷。

48

step 5

把長竹簽輕輕向下屈曲，然後把餘下的一段短竹簽插入洞C。

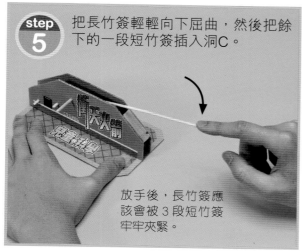

放手後，長竹簽應該會被3段短竹簽牢牢夾緊。

step 6

在發射台內側貼上一段2厘米飲管，然後把步驟3餘下的13厘米竹簽穿過上方的缺口並套入飲管中。

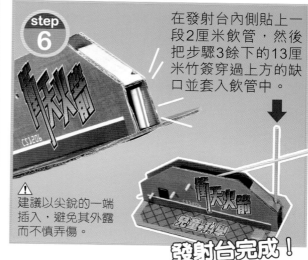

⚠️ 建議以尖銳的一端插入，避免其外露而不慎弄傷。

發射台完成！

火箭部分

使 用 紙 樣

定風翼

step 1

裁出定風翼紙樣及相同形狀的厚紙板，暫不用黏貼。

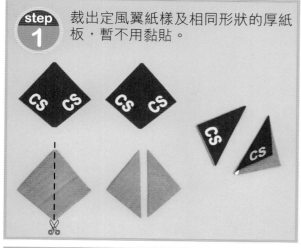

step 2

用膠紙把厚紙板貼在一段約8厘米長的飲管上。

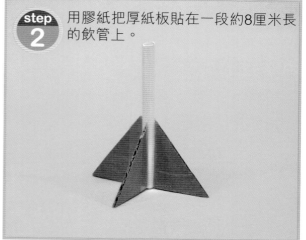

step 3

把紙樣蓋在厚紙板上貼好，然後在其中一根定風翼末端裁出小缺口。

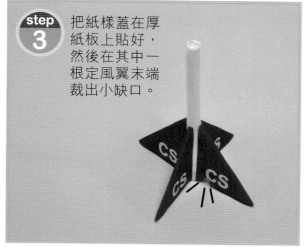

step 4

把小量泥膠塞進飲管前端。

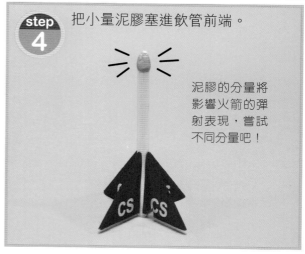

泥膠的分量將影響火箭的彈射表現，嘗試不同分量吧！

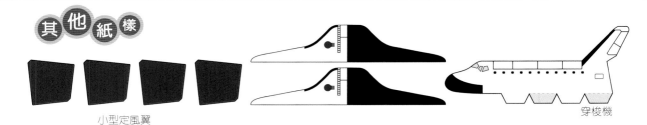

其他紙樣

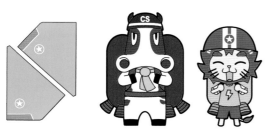

小型定風翼

穿梭機

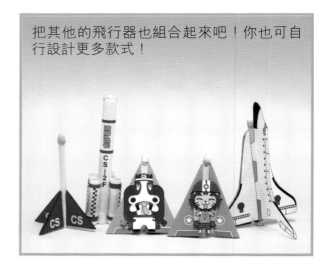

把其他的飛行器也組合起來吧！你也可自行設計更多款式！

飛行員愛因獅子和頓牛

玩法

↑把火箭穿入軌道，並把缺口卡住彈射竹簽。

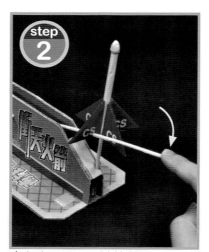

↑輕輕壓下彈射竹簽……

↑火箭一飛衝天！

為甚麼只是壓下竹簽，就能將火箭彈上去？

因為當中儲存了能量。

衝天火箭的能量轉換

4 抵達最高點

　　當所有的動能都消耗掉，火箭便會停下，這時它便達到了彈射軌道的最高點。在那一瞬間，火箭會短暫靜止不動。

3 升空階段

　　隨着火箭上升，它的重力位能會增加，動能則會慢慢減少，因此升空速度會漸漸減慢。

2 發射一刻

　　竹籤在一瞬間回復筆直，同時把位能釋放！位能轉化成動能傳到火箭，使它高速彈射！

1 預備階段

　　火箭發射的能量以彈性位能的形式儲存在彎曲的竹籤之中，蓄勢待發！

5 墜落階段

　　抵達最高點後的一刻，火箭隨即開始墜落。此時重力位能會減少，動能則慢慢增加。火箭的墜落速度會愈來愈快，直至撞擊地面！

彈性位能

　　能量擁有多種存在形式，其中位能是指「被儲存起來的能量」。當有彈性的物件因外力而變形時，物件會以「彈性位能」的形式將力量儲存起來，並在回復原狀時釋放。

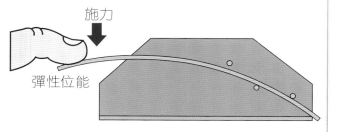

施力

彈性位能

重力位能

　　我們抬起物件時所花的氣力，會以重力位能的形式儲存在物件中。物件離地面愈高，擁有的重力位能愈大。

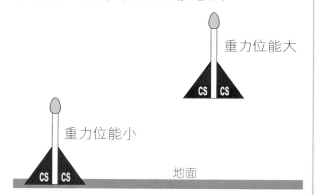

重力位能大

重力位能小

地面

動能

　　動能就是讓任何物件移動的能量，動能愈高，移動速度愈快。

動能

能量守衡定律

　　雖然在衝天火箭升空到下降時，能量的形態不停轉換，但其總量並不會改變，稱為「能量守衡定律」。

除了上述能量外，
火箭降起還會轉為
為動能（跟著）和
聲能（聲力），不
過它們太微弱，一
瞬間也察覺而已。

妥善收藏法

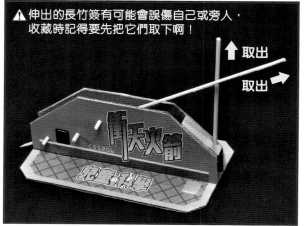

⚠ 伸出的長竹籤有可能會誤傷自己或旁人，收藏時記得要先把它們取下啊！

↑ 取出

→ 取出

物理應用

乘風破浪揚帆啟航！

塞因斯號

「張開所有船帆，全速前進！」
「收起前帆，調整主帆角度！緊急轉向！」
船長發號施令，帶領塞因斯號（Science）
乘着各種風勢，闖過一個個風浪！
這種揚帆出海的冒險之旅，是否令你為之嚮往？那就立即來把
塞因斯號的紙模型組合起來，在幻想的海洋上乘風破浪吧！

前桅杆

橫帆

主桅杆

船首三角帆

縱帆

船首斜桅

Science

舵

製作難度：★★★★☆　　製作時間：約1小時30分鐘

認識不同的船帆

橫帆

特點：順風下非常高效率，但遇上逆風則近乎無計可施。

　　大多呈上窄下闊的梯形，順風下能提供很大動力。遠洋的貿易船由於能乘着季候風越洋，避開逆風，因此大多配備橫帆。

縱帆

特點：在順風及逆風下均能穩定地發揮作用，但順風下的效率不及橫帆。

　　能巧妙利用伯努利原理，將逆風轉化成動力。即使順風下速度不及橫帆，但由於能兼顧不同風向，十分適合在風向不穩的近岸海域航行的船隻。

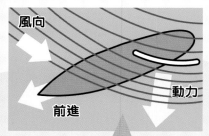

風向

前進

動力

伯努利原理

　　當空氣流動時，如果流動是大致有秩序的，我們可以用一條一條的流線去代表。流線愈密的地方，就代表空氣的流動速度愈快，氣壓會較弱；流線愈疏，就代表流動的速度愈慢，氣壓會較強。

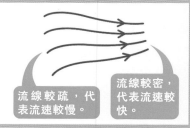

流線較疏，代表流速較慢。

流線較密，代表流速較快。

三角帆

特點：充份利用船身空間，提供額外動力。

　　支索帆的一種，繫於兩支桅杆或桅杆與船首斜桅之間，大多呈三角形。能作為主帆的輔助，使船隻充份利用風力，提升速度。大型帆船通常都掛有大量三角帆。

Science

不同的船帆組合

因應橫帆和縱帆的不同特性以及船隻的用途，船帆設置亦會不同。

雙桅縱帆船

雙桅橫帆船

前桅橫帆雙桅船

↑適用於需要高逆風航行能力或航道風向多變的船隻，例如漁船或探險船。

↑由於航速快、機動性強和操控人手較少，因而成為戰艦及海盜船的常見設置；亦常見於遠航船如長途貨船或商船。

↑同時裝上兩種帆，平衡兩者的不足，是探險船的常見設置。

製作方法

材料

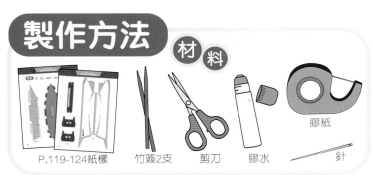

P.119-124紙樣　竹籤2支　剪刀　膠水　針　膠紙

Science 塞因斯號模型 DATA	
種類	雙桅帆船 (brigantine)
全長	22 cm
高度	14 cm（不連底座） 15 cm（連底座）
基本船帆數目	5 面
船帆設置	前桅橫帆 3 面、主桅縱帆 1 面、船首三角帆 1 面

船身部分 **使用紙樣**

船身

甲板

內部支架

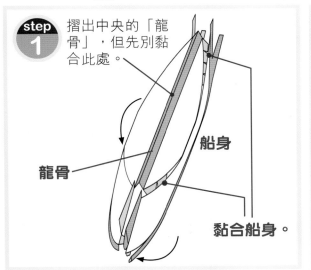
step 1 摺出中央的「龍骨」，但先別黏合此處。

船身
龍骨
黏合船身。

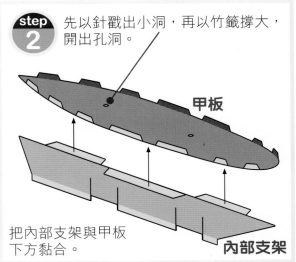
step 2 先以針戳出小洞，再以竹籤撐大，開出孔洞。

甲板
把內部支架與甲板下方黏合。
內部支架

船帆部分

使用紙樣

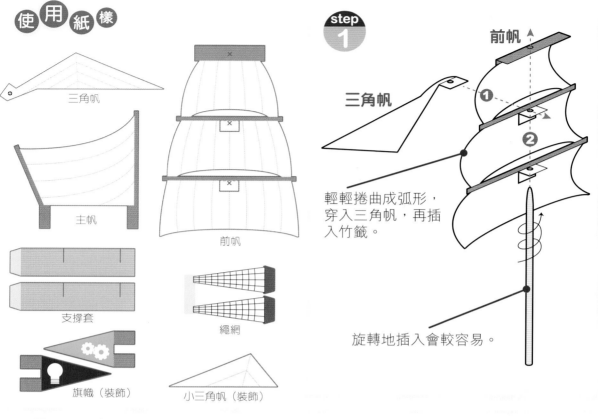

三角帆

主帆

前帆

支撐套

繩網

旗幟（裝飾）

小三角帆（裝飾）

step 1

前帆

三角帆

❶

❷

輕輕捲曲成弧形，穿入三角帆，再插入竹籤。

旋轉地插入會較容易。

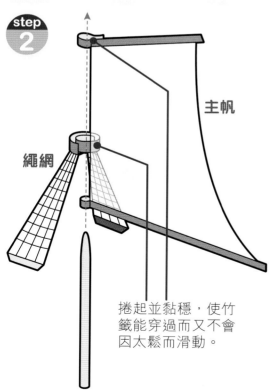

step 2

主帆

繩網

捲起並黏穩，使竹籤能穿過而又不會因太鬆而滑動。

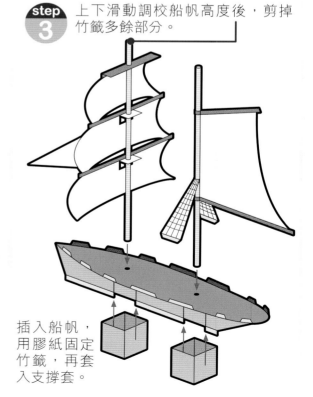

step 3 上下滑動調校船帆高度後，剪掉竹籤多餘部分。

插入船帆，用膠紙固定竹籤，再套入支撐套。

組合

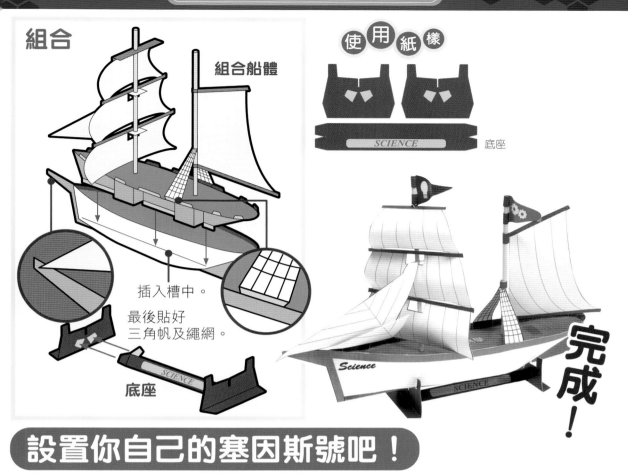

組合船體

插入槽中。

最後貼好
三角帆及繩網。

底座

使用紙樣

SCIENCE

底座

完成！

設置你自己的塞因斯號吧！

你想成為探險船船長、遠洋貿易的商人，還是戰船上的軍官？依你的願望，重新設置塞因斯號的船帆吧！

*《兒童的科學》網站上有額外的船帆紙樣下載，利用它們來打造你理想中的塞因斯號吧！

雙縱帆

逆風航行能力毋容置疑！任何風向均能順利行駛！

雙橫帆

能高速航行！是越洋遠航的設置！

還可以把橫帆的頂帆剪出，裝在縱帆的上方，混合使用！

裝飾心得：

可在船首及桅杆之間裝上更多三角帆，更有氣勢！

把小旗幟捲曲並套在桅杆頂，更加美觀！但要留意旗的方向要與風向配合喔！

快到我們的facebook專頁，分享你的作品及製作心得吧！

塞因斯號大巡航！

大海上風向變化不定，但只要適當調節船帆及航行方向，便能利用風力向任何地方邁進！

風向

迎頭風

帆船並不能向着迎頭風航行。若要駛往逆風處，只能採取迂迴的「之」字形走法，讓迎頭風變成側逆風。一般來說，橫帆必須與風向形成約60°夾角以上才能利用風力前進，而縱帆則只須約40°，因此能採取較直的路線。

側順風

從船後方的側面吹來，帆船能乘着風勢前進。

順風

船帆會完全擴展，利用最大風力前進。雖然順風航行的速度相當高，但轉向時容易失控，必須格外留意船隻的操控。

橫向風

風從船側吹來。只要把船帆角度略為轉側，便能乘風而行。由於容易達至高速及易控制，對很多帆船來說是最佳風勢。

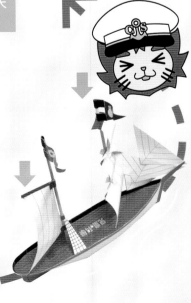

物理應用

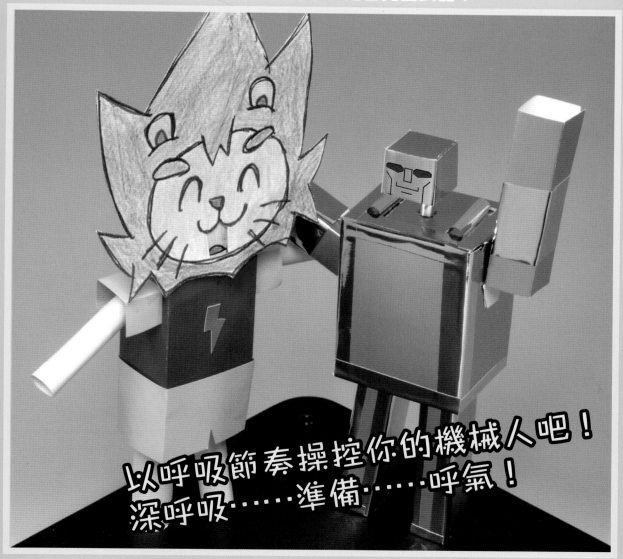

一口氣驅動它吧！
氣動機械人

報告！黃金機械人已經建造完成了！現在只等你的一口氣來啟動它！
甚麼？一口氣？沒錯！以身邊的材料，製作操控容易的氣動機械人！
一呼氣就能升高揮手！還會亮出武器！

以呼吸節奏操控你的機械人吧！
深呼吸……準備……呼氣！

製作難度：★★★★★　　製作時間：約 2 小時

氣動機械人大解構！

肩部
內藏兩台機關炮，一吹氣，雙肩炮立即升起瞄準敵人！

頭部
可更換式設計，隨時變身！

腿部
雙腳會伸長，使身軀升高！

手部
內藏機關，只要肩炮升起便會帶動雙手舉起！

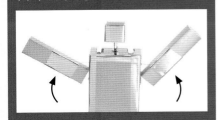

b 製作雙腳

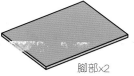

腳部×2

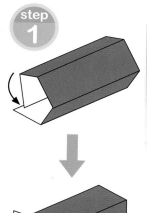

參考尺寸：

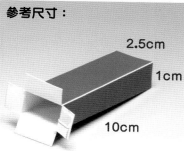

2.5cm

1cm

10cm

←↑把卡紙如圖摺成長形柱體並用膠紙貼好，把雙腳的一端如圖剪開並向外摺。（也可以試試圓柱形的腳呢！）

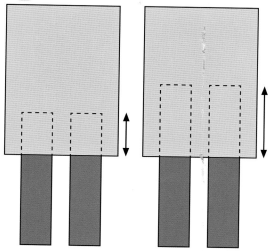

↑雙腳的長度將決定機械人可升高的高度。

c 組合雙腳

A1

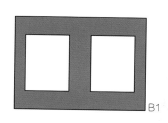

B1

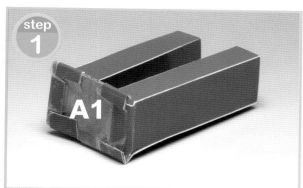

↑把雙腳固定在厚紙板（A1）上。

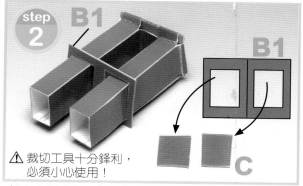

⚠ 裁切工具十分鋒利，必須小心使用！

↑在厚紙板（B1）中裁出兩個能讓雙腳順利穿過的洞，並保留裁出的小長方塊（C）。

step 3

↑ 把（B1）用膠紙固定於身軀底部，再把雙腳套入。

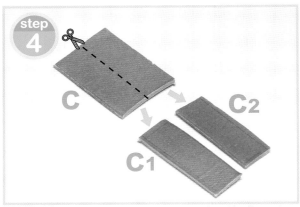

step 4

↑ 把其中一塊小長方塊（C）剪成兩份（C1、C2）。

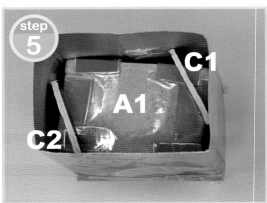

step 5

C1
A1
C2

↑ 先決定機械人未充氣時的高度，然後如圖把卡紙條（C1、C2）貼在身軀內側，把（A1）頂住。

C1

要注意水平，別把兩條卡紙條貼得一高一低啊！多試幾次吧！

此時，機械人應該可以如圖站立。

d 製作氣動部分

材料

氣球

飲管×2

橡筋

step 1

建議使用可折曲飲管，方便操控。

↑ 把一小段飲管套入氣球，然後用橡筋或膠紙固定。嘗試吹氣，確保氣球的開口已經封好。

step 2

↑ 在身軀背後裁出一個小洞讓飲管穿過，把氣球放於身軀內。

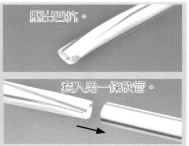

壓出凹坑。

套入另一條飲管。

接駁另一條飲管（方法如圖）增加長度以方便操作，亦可隨時更換以保衛生。

e 製作雙手

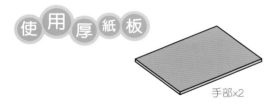

手部x2

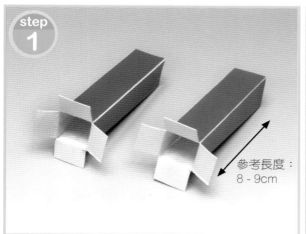

step 1

參考長度：
8 - 9cm

↑ 重複步驟b step1的方法造出雙手，大小可以比腳略短及幼，也可試試其他形狀！

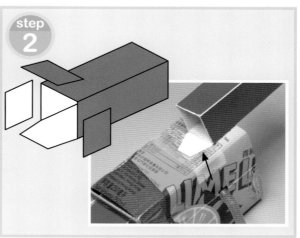

step 2

↑ 把三邊剪掉，再如圖用膠紙把餘下的一邊貼在身軀上，讓手臂可向上擺動。

f 連接雙手

材料

針線

step 1

肩炮移動範圍

針孔至盒頂的長度將會是肩炮可移動的範圍。

↑ 用針把幼線穿過身軀兩側手臂上方約1cm的位置。

step 2

↑ 把線拉緊，然後用膠紙把線的兩端貼在手臂上。

g 製作頂部及肩炮

A2

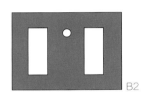
B2

飲管

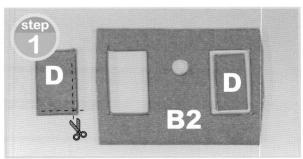

↑將厚紙板（B2）兩側裁出能讓肩炮穿過的開口（留意肩炮的位置及大小就行了）。把裁出來的兩塊小紙板（D）稍為裁小，讓它們可順利穿過開口。用打孔機在中間偏前的位置打孔。

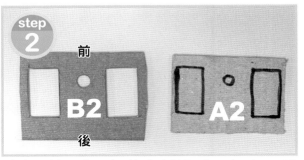

↑把紙板（B2）放在紙板（A2）上，記下各開口的位置。

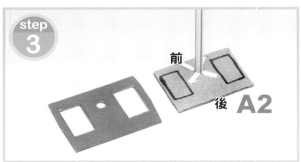

↑另備一支飲管，把底部剪開，然後對準圓形記號貼在紙板（A2）上。

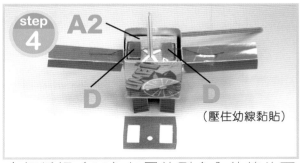

（壓住幼線黏貼）

↑把紙板（A2）如圖放到盒內幼線的下方，然後用膠紙把小紙板（D）貼到紙板（A2)的對應位置上，同時把幼線固定。

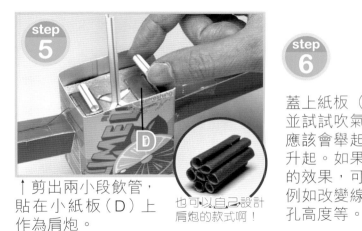

↑剪出兩小段飲管，貼在小紙板（D）上作為肩炮。

也可以自己設計肩炮的款式啊！

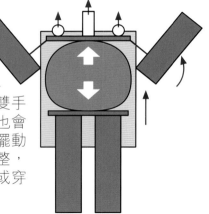

蓋上紙板（B2）並試試吹氣，這時雙手應該會舉起，身軀也會升起。如果不滿意擺動的效果，可再作調整，例如改變線的長度或穿孔高度等。

h 製作頭部

材料

飲管

↑如滿意效果，便把紙板（B2）用膠紙固定。剪掉多餘的飲管，只餘下約1-2 cm（未充氣時），並壓出凹坑（參考步驟d step2）。

↑畫出喜愛的機械人頭部吧！在頭部背後貼上一段約與頭部高度同樣長的飲管，然後把它套入頂部露出的飲管。

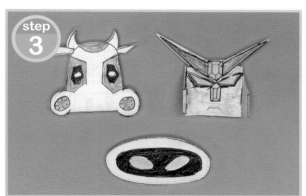

↑更可以製作多款頭部款式，隨時更換呢！

氣動機械人 完成！

玩法

❶ 氣聚丹田！

↑深呼吸……

❷ 排山倒海！

↑向機械人吹氣。機械人隨即動起來！

❸ 機械人舞！

↑還可以規律地吹氣，令機械人跳舞呢！

如發生以下問題……

吹不動！

呀？不能回復原狀？

來把機械人改良吧！

Q1 很難吹得動嗎？ A1 試試更換氣球吧！

←較大的氣球在較大體積時才需要開始抵抗橡皮膜的收縮彈性，因此推動機械人會較為順利。但要留意若把過大的氣球塞進機體，可能會因過多的摺曲而膨脹困難。

→也可以試試用其他物件充當氣袋！例如不同類型的膠袋，可輕易地充氣和壓縮，也是不錯的選擇！

Q2 吹氣後不能順利回復原狀嗎？ A2 利用「重量」吧！

←可在雙手的末端加些負重，如萬字夾，增加雙手下垂的力量。

→可在身軀的底部加上兩枚電池（注意平衡）等重物，幫助身軀下降。

特別大改造！會張開口的愛因獅子！

掌握了擺動原理後，便可以自行創造不同的氣動機械人了！讓大家觀摩一下「愛因獅子機械人」吧！

以另一種方法組合雙手，改變擺動方式！

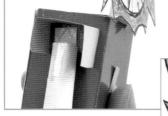

特別設計的口部，頭部升起時會開口大笑呢！

一口氣就能令機械人變形！到底怎麼回事？

為甚麼我們吹氣，氣球就會膨脹？為甚麼我們可以吹出氣來？所有秘密的關鍵就在於……「氣壓」！

甚麼是氣壓？

每一種氣體都有一種想擴散的傾向，當我們嘗試限制氣體的擴散時，便會感受到這一股「想衝破阻礙」的力量，這便是「氣壓」了！

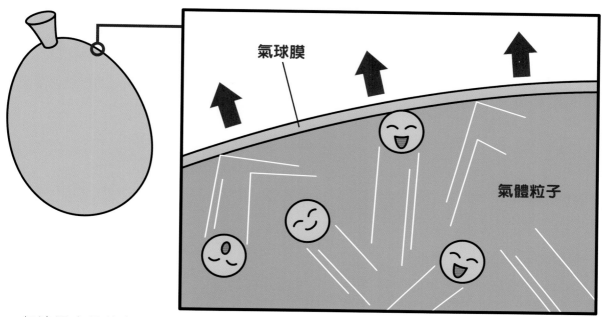

但這股力量其實是甚麼呢？原來，若我們能夠把氣體放大很多倍來觀察的話，會發現它其實是由很多稀疏但高速亂竄的粒子組成。如果我們把一口氣吹進氣球，亂竄的氣體粒子會撞到氣球並把它往外推。由於氣體粒子的數量非常多，小小一口氣就已經有超過500000000000000000000000（即五億兆）顆，也會向任何方向擴散，於是便造成氣球均勻地膨脹。

氣壓的應用

氣壓升降椅

我們日常坐的旋轉升降椅，是利用氣壓（也有使用油壓的）來調整高度的。椅底氣壓棒內藏有壓縮氣體，拉動控制桿時氣壓棒會因內裏的氣壓而伸展，從而推高椅子。

69

氣壓的強度會被甚麼因素影響？

1 溫度

日常生活中，我們發現水沸騰時水蒸氣會拼命衝出水煲，表示了加熱後的氣體，會更有「衝勁」去擴散，也就是有更大的力量去「衝破阻礙」！這是因為溫度高時，氣體粒子會走得更快，遇到阻礙時會更用力地撞擊，於是便造成氣壓上升。

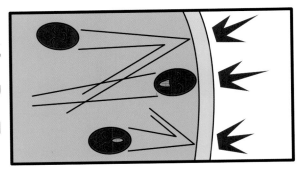

2 體積

如果把一個氣球強行縮小，內裏的氣體粒子會更頻密地撞擊氣球，遇到的反抗力量自然更大，亦即氣壓增加。相反，體積增大而氣體量不變，則氣壓會下降。

3 氣體數量

如果容器體積不變，泵入更多氣體表示有更多粒子會撞擊容器，自然亦造成氣壓上升。

當我們呼出的空氣被送入氣球，氣球內的氣體量增多，氣壓上升，氣球便膨脹了！

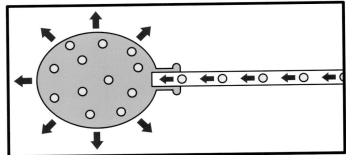

立即到我們的 Facebook 專頁，分享你製作的氣動機械人吧！

紙樣

沿實線剪下

黏合處

沿虛線向外摺

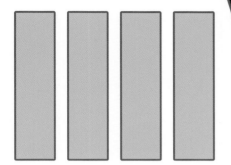

黏合紙條

聖誕老人的雙手

聖誕老人的身體

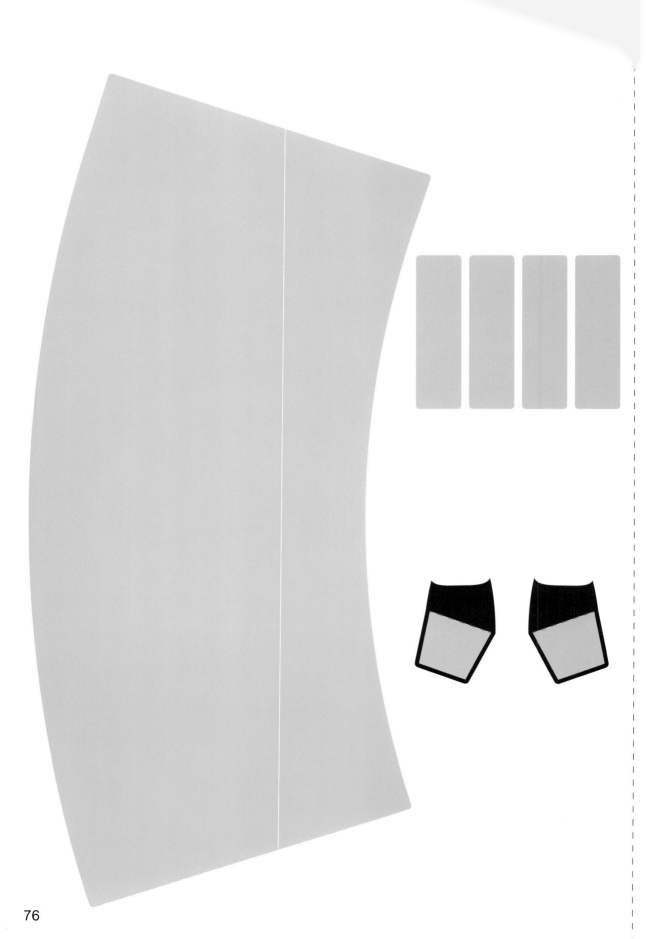

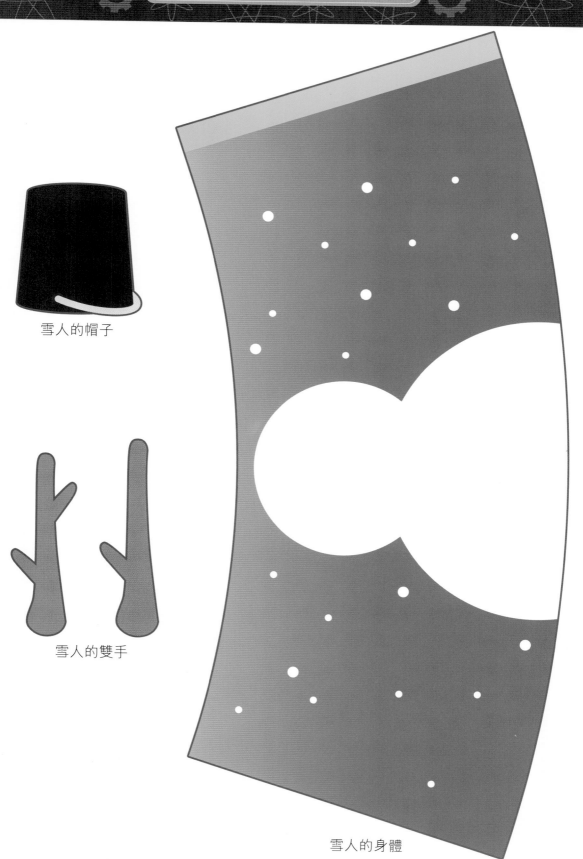

雪人的帽子

雪人的雙手

雪人的身體

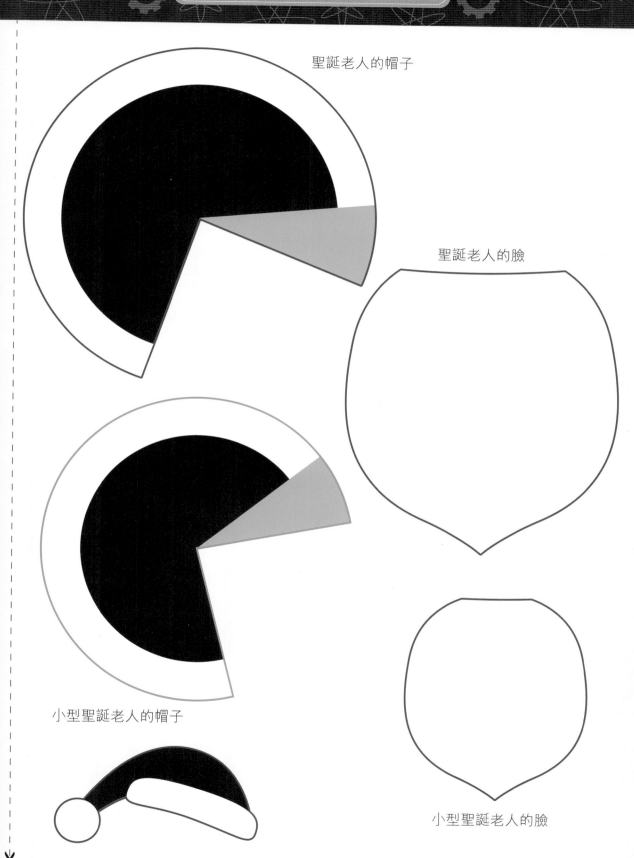

聖誕老人的帽子

聖誕老人的臉

小型聖誕老人的帽子

小型聖誕老人的臉

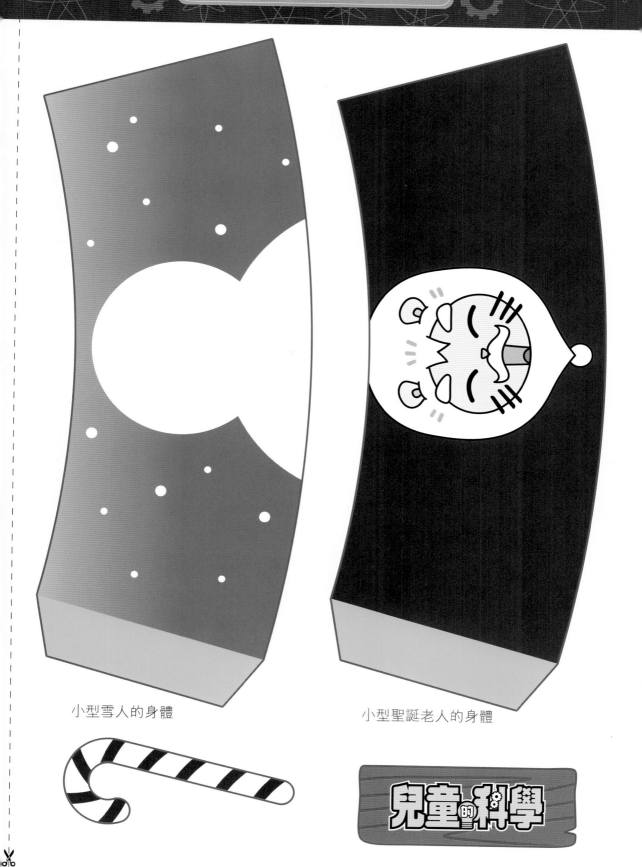

小型雪人的身體

小型聖誕老人的身體

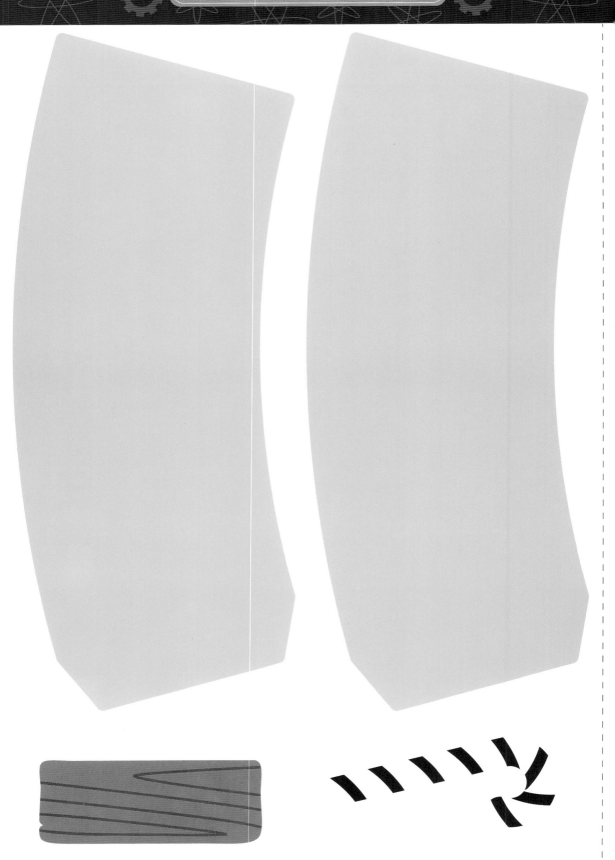

紙樣

黏合處　　沿虛線向內摺　　沿虛線向外摺　　沿實線剪下

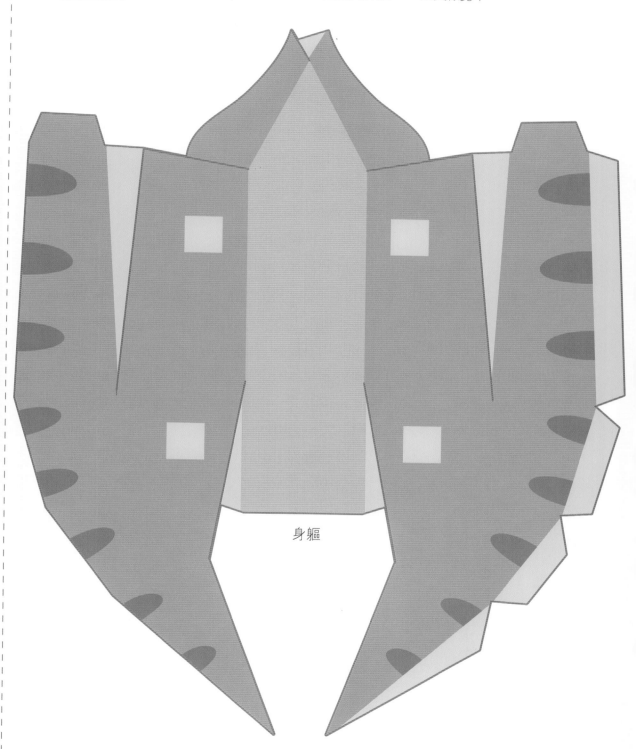

身軀

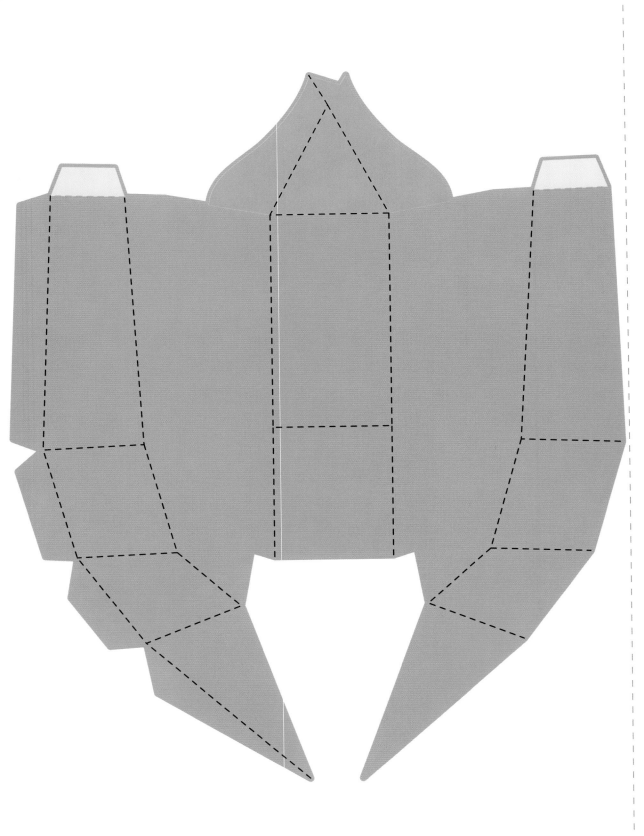

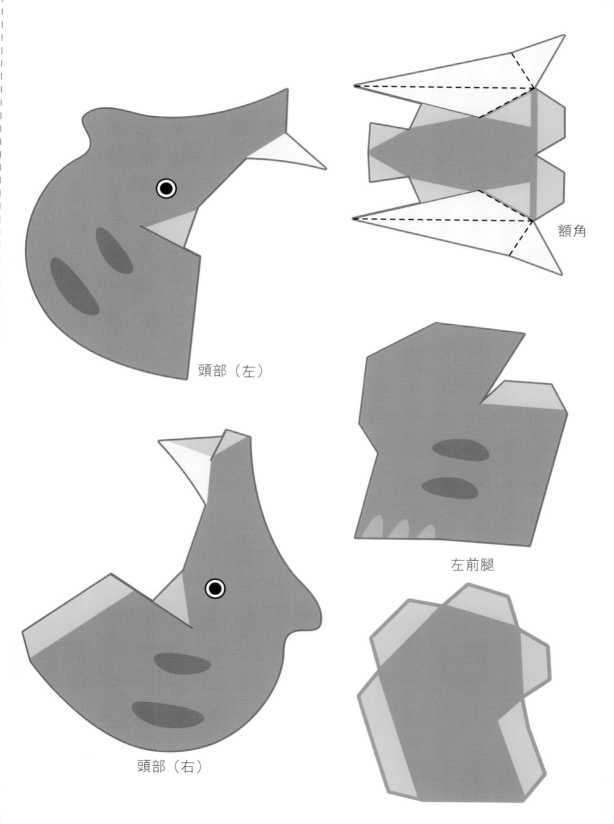

頭部（左）

額角

左前腿

頭部（右）

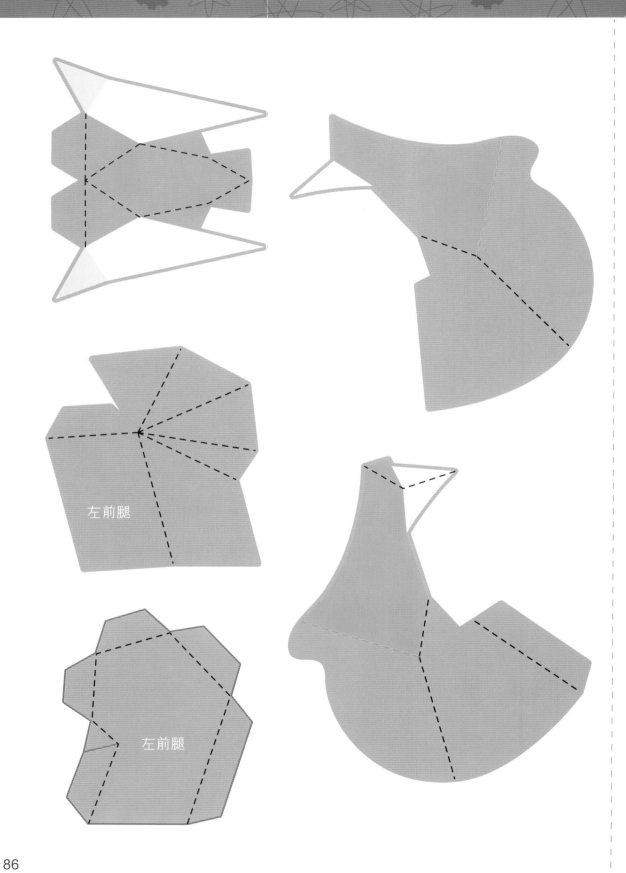

左前腿

左前腿

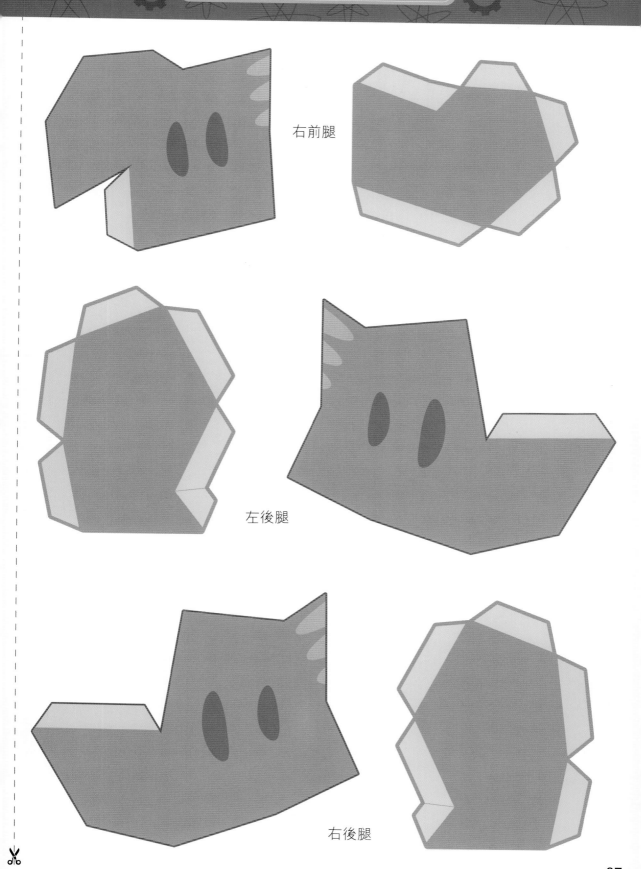

右前腿

左後腿

右後腿

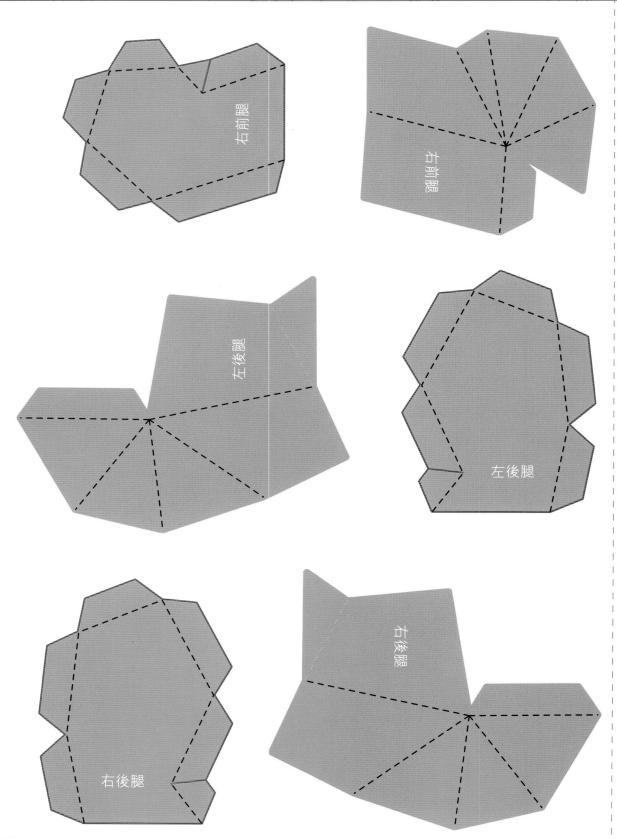

右前腿

右前腿

左後腿

左後腿

右後腿

右後腿

紙樣

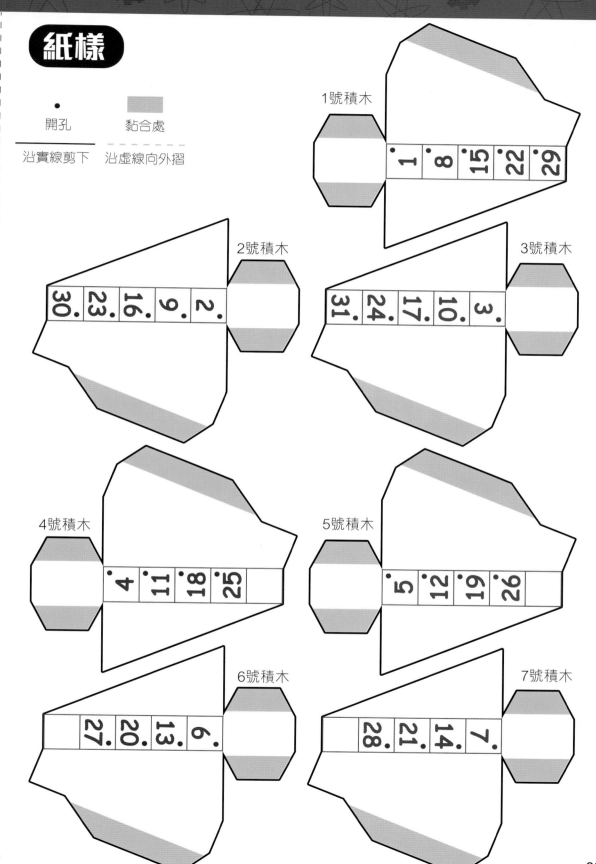

· 開孔

▨ 黏合處

沿實線剪下

沿虛線向外摺

1號積木
· 1 · 8 · 15 · 22 · 29

2號積木
30 · 23 · 16 · 9 · 2 ·

3號積木
31 · 24 · 17 · 10 · 3 ·

4號積木
· 4 · 11 · 18 · 25

5號積木
· 5 · 12 · 19 · 26

6號積木
27 · 20 · 13 · 6 ·

7號積木
28 · 21 · 14 · 7 ·

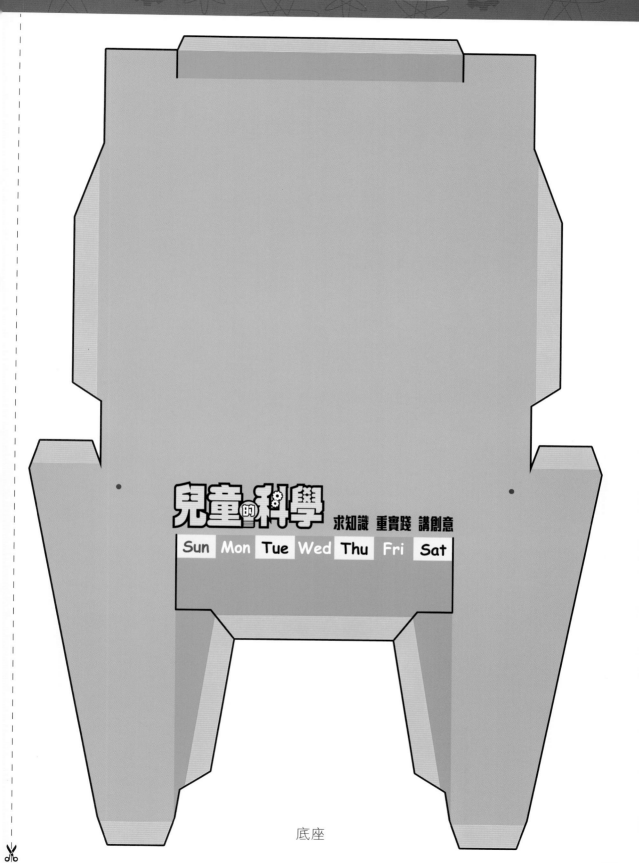

底座

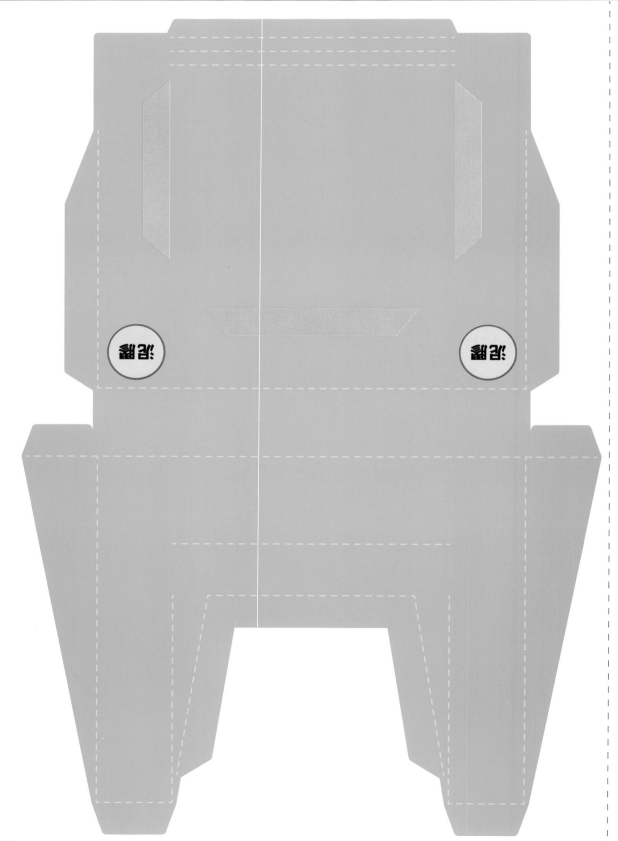

年份旗幟

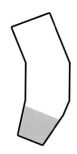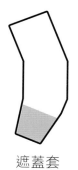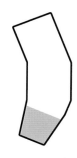
遮蓋套

月份旗幟

標記旗幟

紙樣

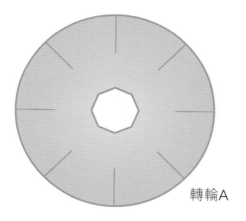

──────── 沿實線剪下

黏合處

─ ─ ─ ─ 沿虛線向內摺

轉輪A

底座

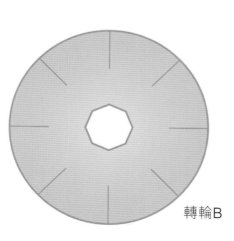

轉輪B

手把

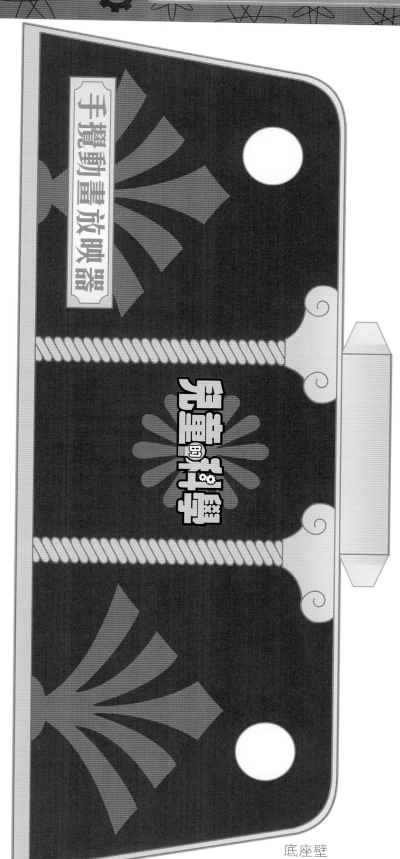

底座壁

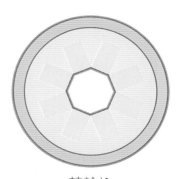

轉輪栓

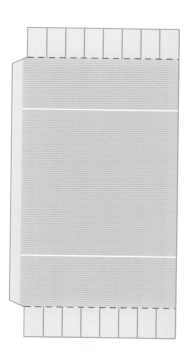

轉輪橫軸

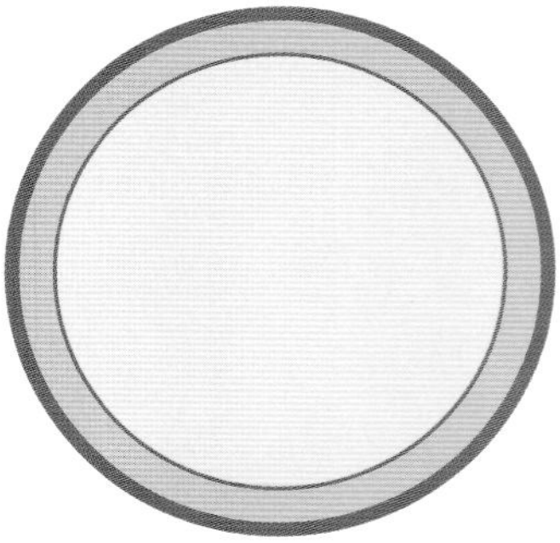

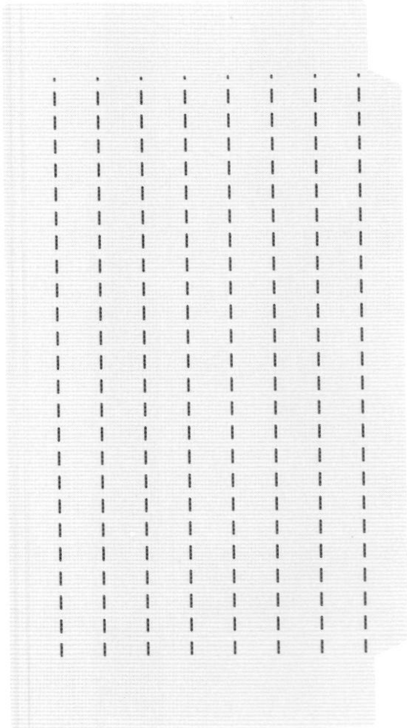

動畫卡

紙樣

斗桿

沿實線剪下

黏合處

沿虛線向內摺　沿虛線向外摺

懸臂

科學DIY好幫手

科學DIY好幫手

底盤

護欄　＊剪下護欄中間的長方形

＊剪下底盤中間的圓形

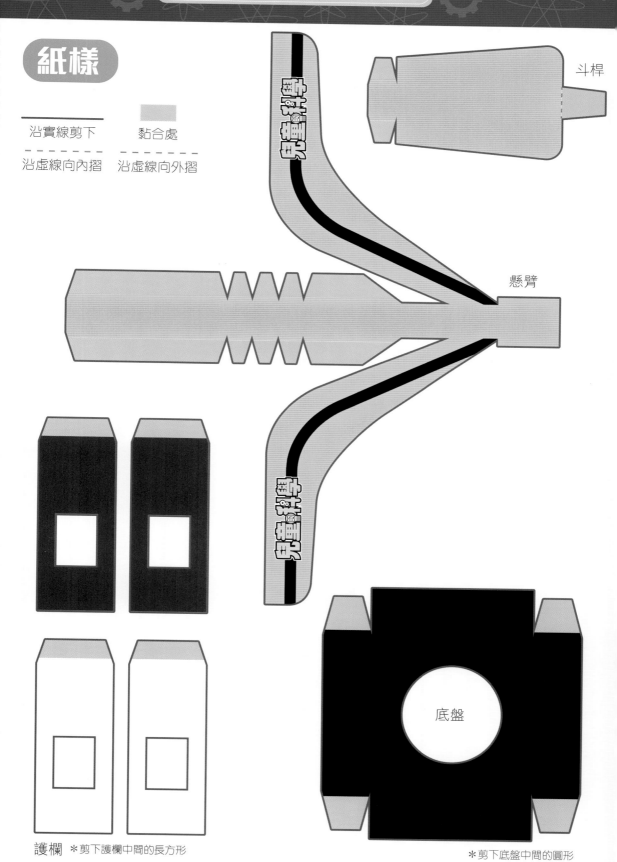

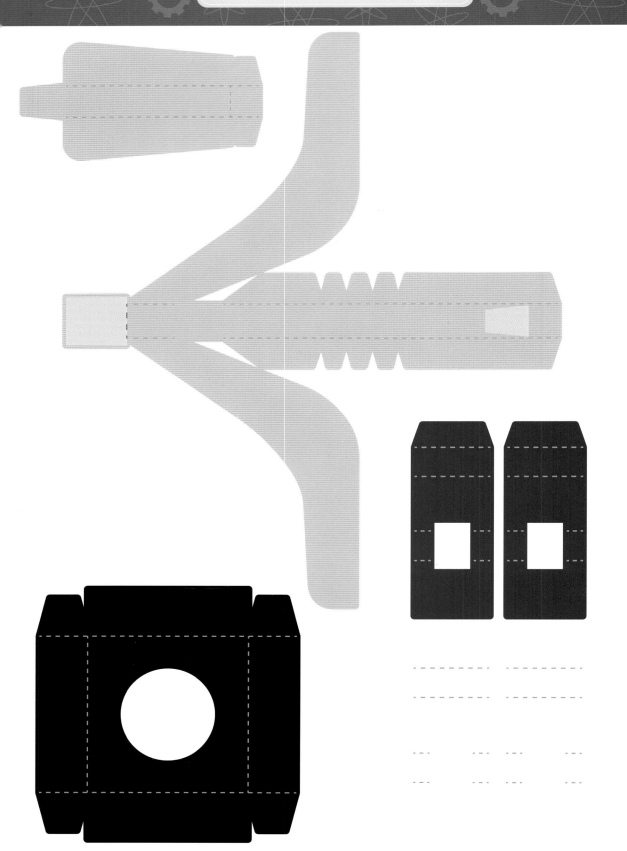

履帶

平台

車輪

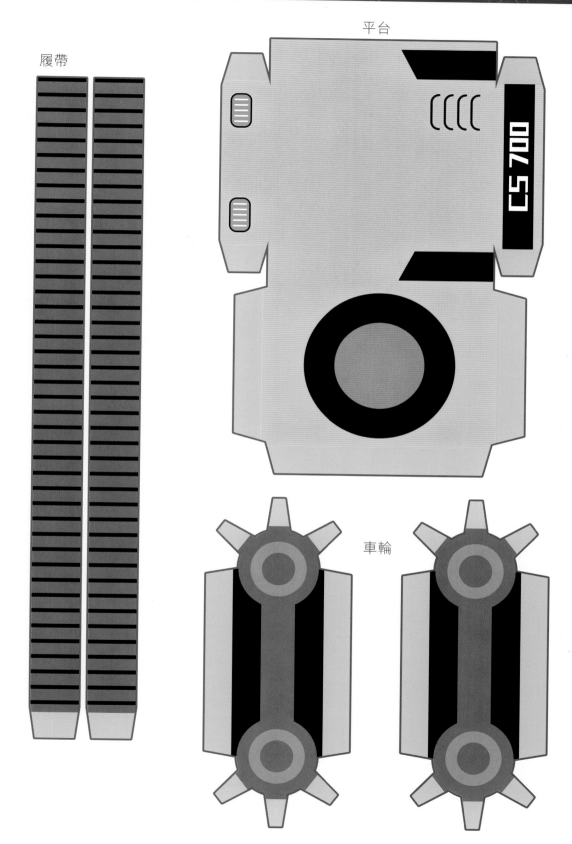

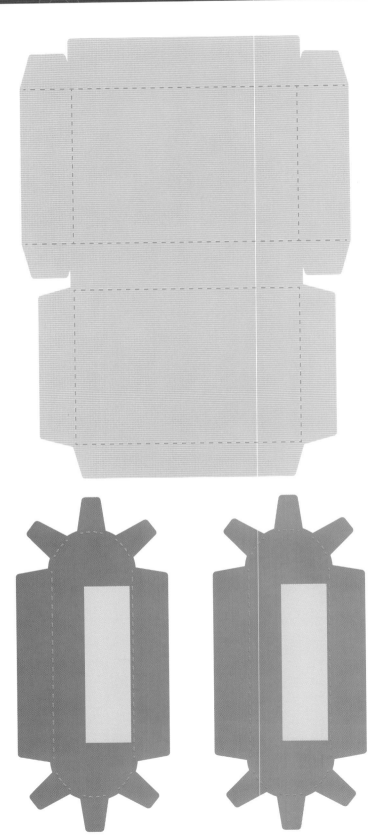

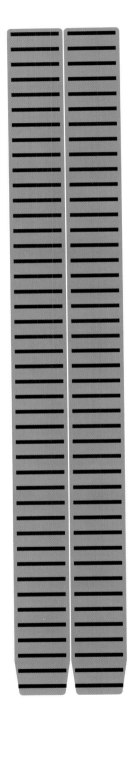

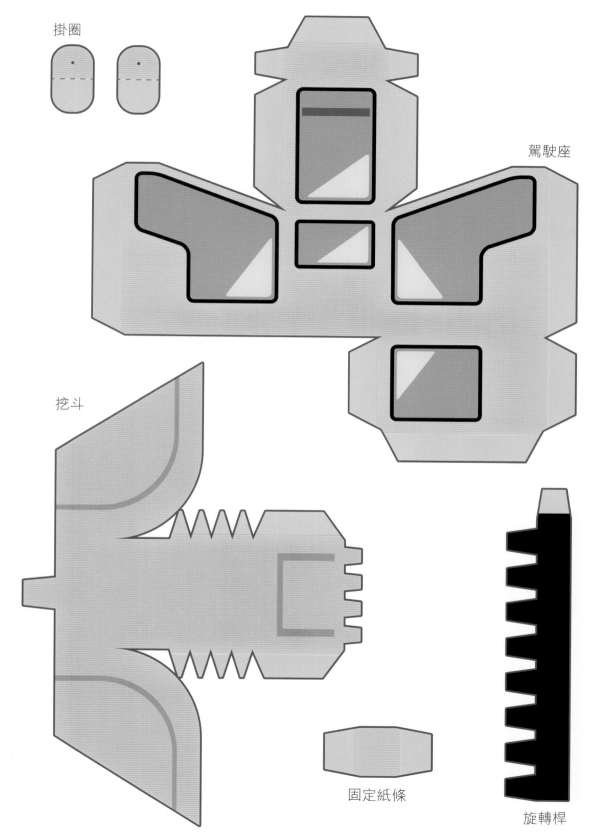

掛圈

駕駛座

挖斗

固定紙條

旋轉桿

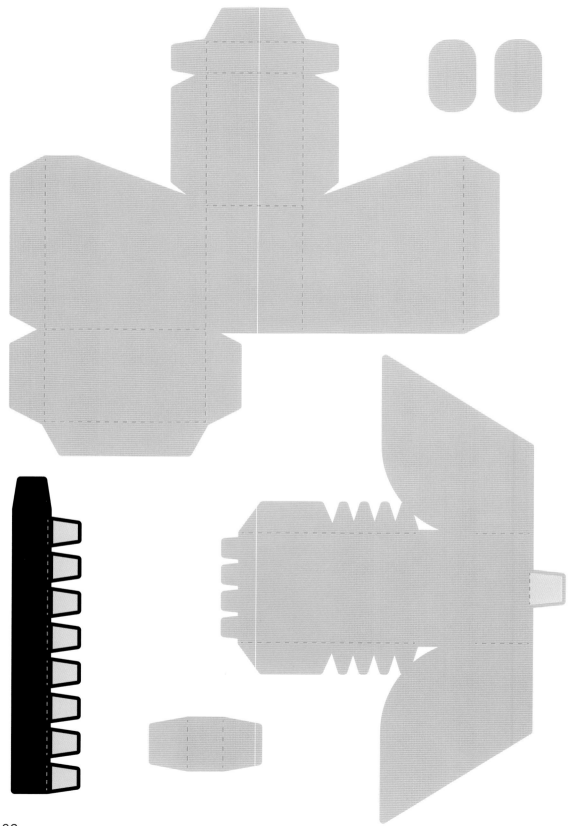

沿實線　　沿虛線
剪下　　　向內摺

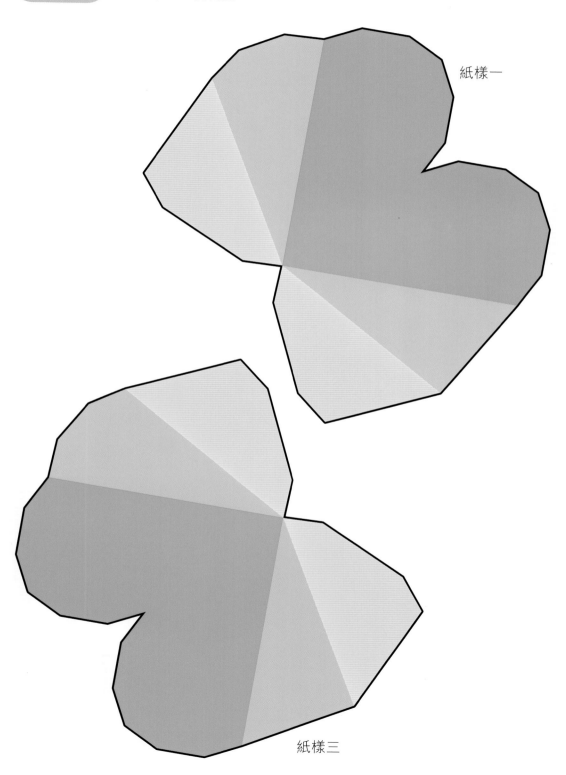

紙樣一

紙樣三

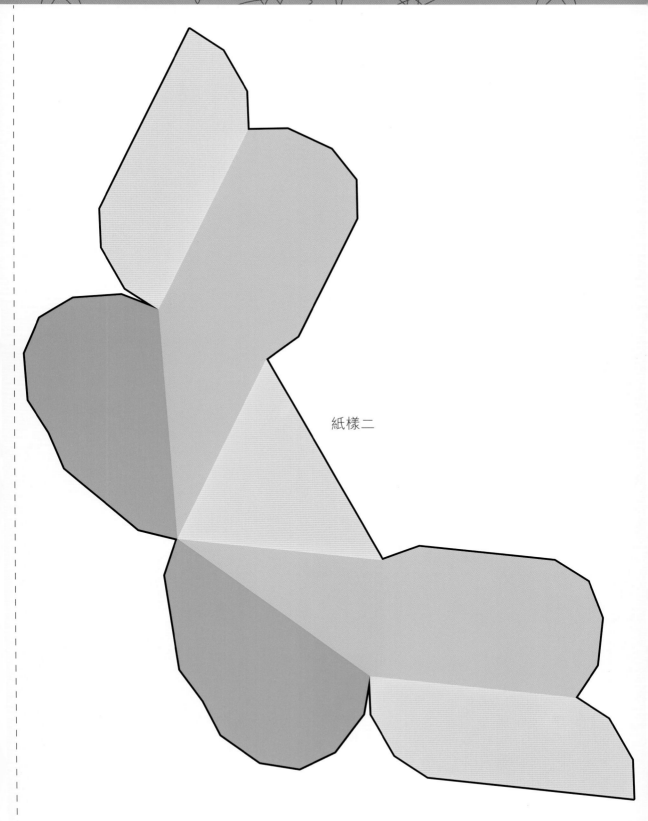

紙樣二

B

A

紙樣四

沿實線剪下　　黏合處　　開孔　　沿虛線向內摺　　沿虛線向外摺

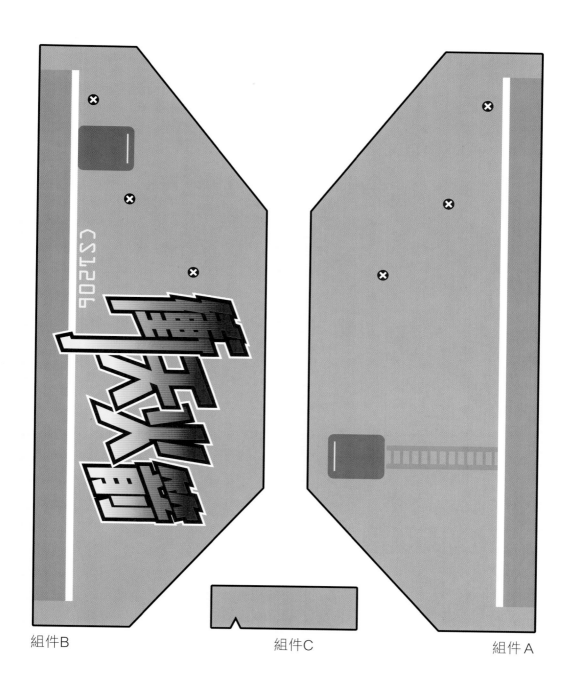

組件B　　　　　　　　　組件C　　　　　　　　　組件 A

組件D

定風翼

小型定風翼

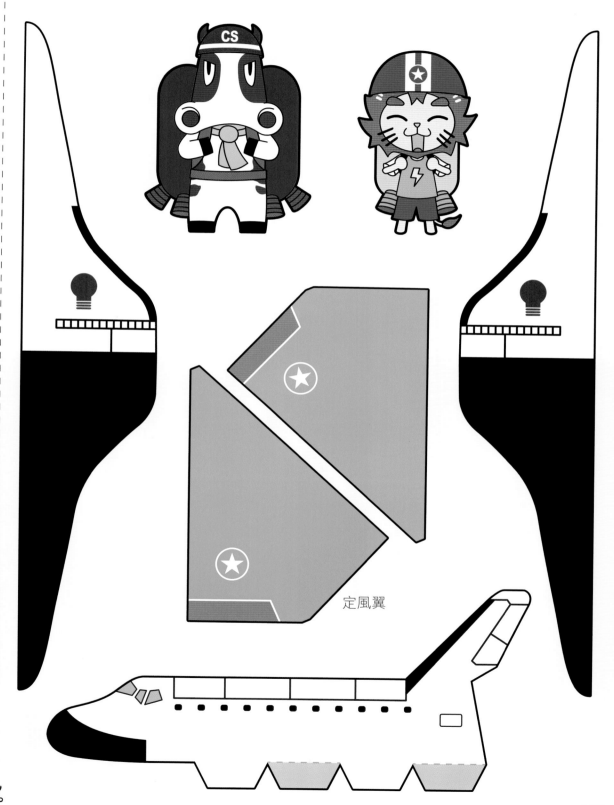

定風翼

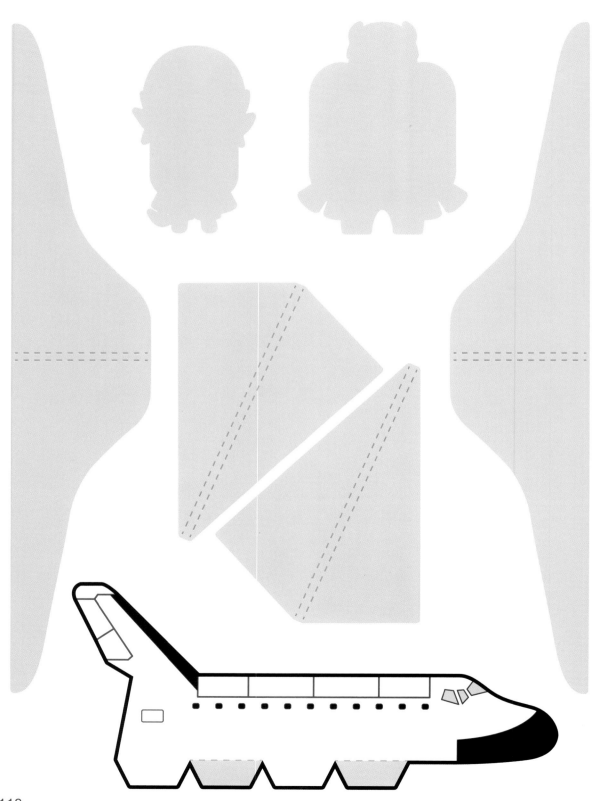

紙樣

❌ 開孔　　黏合處　　──── 沿實線剪下　　──── 沿虛線向內摺　　---- 沿虛線向外摺

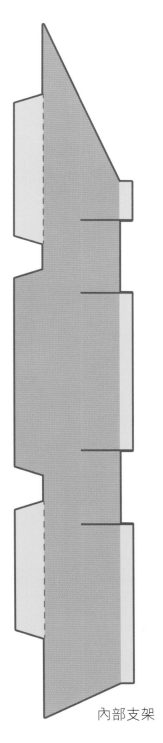

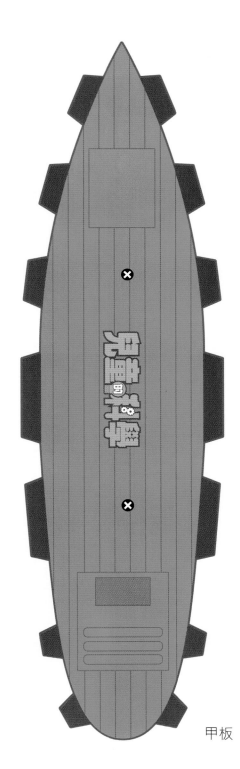

支撐套

內部支架　　　　　　　　甲板

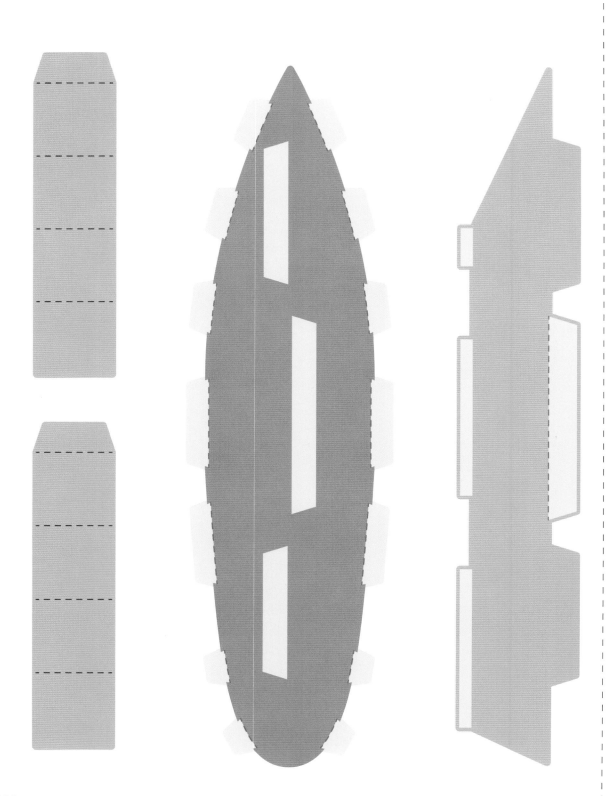

SCIENCE

Science

底座　　　　　　　　　　　　　船身

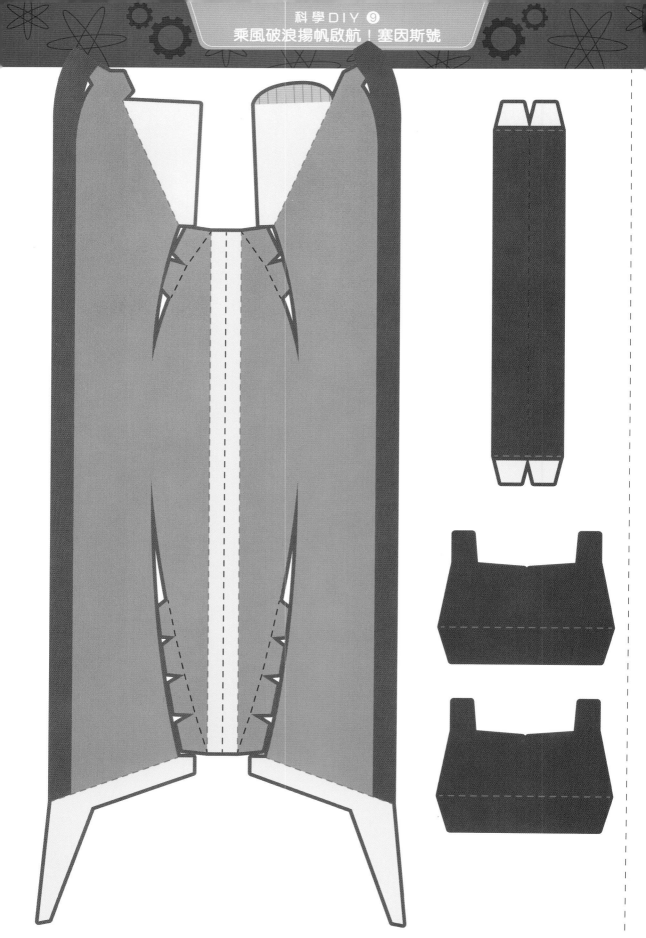

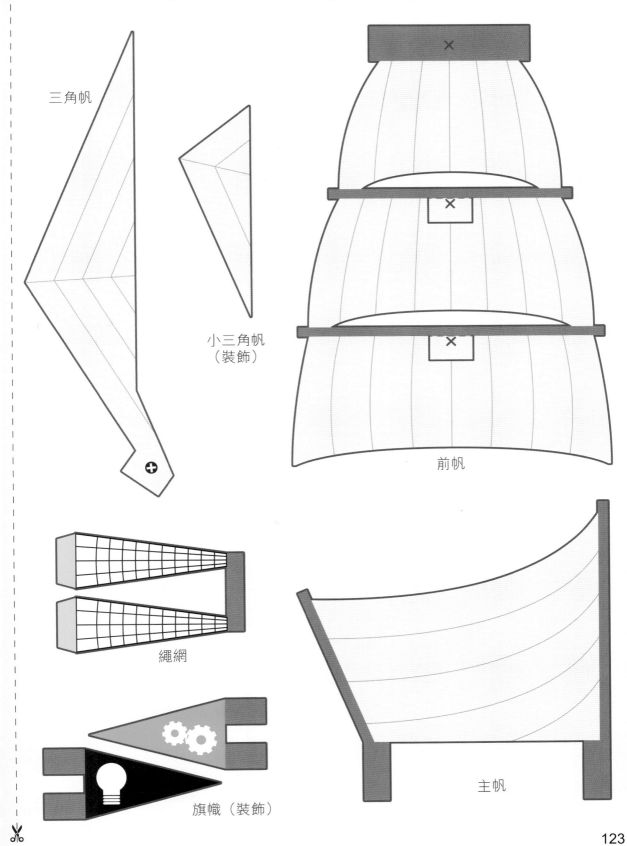

三角帆

小三角帆
（裝飾）

前帆

繩網

主帆

旗幟（裝飾）

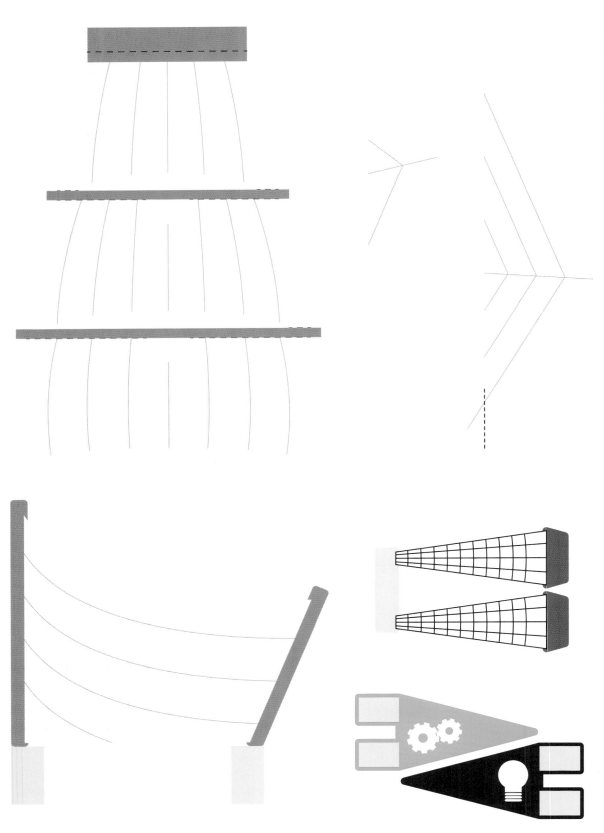

兒童的科學

趣味手工書

第二集

收錄與物理、天文、數學、動物、地理文化等相關的手工製作，讓小朋友寓學習於娛樂。

求知識 重實踐 講創意　　www.children-science.com　　小學至初中學生必讀　科普通識叢書

科學DIY ②

兒童的科學 叢書

地理和平衡

重心

兒童的科學

動手做 趣味手工 **輕鬆學** 科學原理

槓桿原理

匯識教育

10 個科學手工

原理活學活用

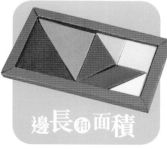

邊長和面積

機械構造

行星

彈性

2017年7月 出版!!

匯識教育

光學

氣壓

自然生態

求知識・重實踐・講創意 **每月1日出版**

兒童的科學

科普月刊＋實踐教材
引領小朋友發現科學的樂趣！

www.children-science.com
STEM

兒童的科學

12th周年
145
發球機

發球機大解構

發球機解構
探索摩擦力的力量
發球增速大法
12周年兒科博物館
化石中的新發現
都市中的熱力孤島

科學重案室
追捕怪盜大行動

科學DIY
植物成長棋

匯識教育

實踐教材專輯

科學實踐專輯

每期不同的實踐教材，讓讀者親身體驗，更容易明白相關的科學原理。

有趣實驗

科學實驗室

用常見的物料，親自動手做實驗，解構背後的科學知識。

科學資訊

KC天文教室

帶讀者走出地球，漫遊浩瀚宇宙，探討各種天文資訊。

精彩故事

大偵探福爾摩斯
SHERLOCK HOLMES

每期連載《大偵探福爾摩斯》科學鬥智短篇故事，看福爾摩斯如何大顯身手！

科學Q&A

透過有趣的漫畫故事，學習不同的科學知識。

每月15日 出版

HK$38　NTS180

學語文　習通識　愛閱讀　小學及初中學生必讀　語文通識網络教養　匯識教育

兒童的學習

15

◆ 你準備好養寵物嗎？
◆ 犬、貓、兔、魚，人類從何時開始飼養寵物？
◆ 檢閱史上著名的寵物。

溫手的母親是吸血鬼？《大偵探福爾摩斯》

蘇菲的奇幻之航《蘇菲的奇幻之航》

起讀吧！中英對照《森巴FAMILY》

教你製作動物指環

www.children-learning.net

寵物的誕生
人類好夥伴

兒童的學習

增長語文知識，培養閱讀興趣！

英文

深受讀者歡迎的英文版《大偵探福爾摩斯》和《森巴FAMILY》，通過閱讀生動有趣的故事，提升英語能力。

SHERLOCK HOLMES
大偵探福爾摩斯

The Snow Mountain Pursuit

中文

蘇菲 奇幻之航
SOPHIE'S FANTASTIC VOYAGE

以精練的文筆，道出緊張曲折的奇幻冒險故事，增強閱讀能力，刺激想像力。

通識

最原始的交易　以物易物

以物易物的不便　　著以大量運輸　　分區問題

食物會變壞腐壞

學習專輯

每期精選貼近生活的專題，社會、文化、歷史、數理包羅萬有，培養讀者觀察和分析能力。

巧手工坊

教授讀者親手製作與專題相關的小手工，從實踐中學習。

收銀機製作

副卡機製作

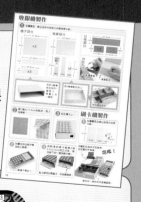

開心算

漫畫繪 數字相加 速算法

揭開算術小技巧，發掘數學有趣一面。

必須認識的 10個 藝術品 ART 1

皇冠噴泉

多學多藝

搜羅世界各地、古今中外的藝術品，令讀者對藝術有全新體會。